在输得起的年纪，做不服输的自己

何小敏◎编著

中国纺织出版社有限公司

内 容 提 要

年轻就是资本，就是为梦想拼搏和奋斗的年纪，就是失败了也能从头再来的年纪。任何一个年轻人，都要趁着现在的大好时光，去拼搏、去奋斗，去为自己搏一个灿烂的未来。

本书立足现实，告诉刚刚离开学校、步入职场和社会的年轻人，一定要鼓足勇气、离开安乐窝，要为梦想拼搏，并指导我们如何改变自己的命运，如何实现从青涩到成熟的转变，最终实现人生目标，收获幸福的人生。

图书在版编目（CIP）数据

在输得起的年纪，做不服输的自己 / 何小敏编著
. --北京：中国纺织出版社有限公司，2020.9

ISBN 978-7-5180-7258-3

Ⅰ.①在… Ⅱ.①何… Ⅲ.①成功心理—青年读物
Ⅳ.①B848.4-49

中国版本图书馆CIP数据核字（2020）第051560号

责任编辑：江 飞　　责任校对：韩雪丽　　责任印制：储志伟

中国纺织出版社有限公司出版发行
地址：北京市朝阳区百子湾东里A407号楼　邮政编码：100124
销售电话：010—67004422　传真：010—87155801
http://www.c-textilep.com
中国纺织出版社天猫旗舰店
官方微博http://weibo.com/2119887771
三河市延风印装有限公司印刷　各地新华书店经销
2020年9月第1版第1次印刷
开本：880×1230　1/32　印张：6
字数：162千字　定价：25.00元

前言

PREFACE

在生活中，我们发现不少人，尤其是年轻人，从读书到毕业、再到结婚生子，按部就班，看上去一帆风顺。然而，某天，当你和同学聚会，会发现，短短几年时间，你从前所在的圈子发生了巨大的变化：以前成绩平平的某个同学竟然一路“杀”到了博士学位；毕业时家境困难的某个同学竟然成了事业有成的老板；以前班上最胆小的女生也成了名企的高管……此时，你是否感到有些落寞？甚至感叹，为什么大家变化这么大？

很多年轻人都有自己的梦想，也想成就一番事业，为什么他们没有成功？因为有人认输了，有人害怕失败而不敢尝试，有人尝试了又怕重蹈覆辙，最终放弃了。

年轻就是资本，年轻就意味着要努力奋斗，年轻同样意味着失败了可以从头再来。可以说，每一位成功者的成功都不是偶然，其成功背后都付出了艰辛的努力，他们有着清晰的目标、完善的规划，而且，他们敢于冒险、主动尝试、有较强的执行力，最重要的是，他们敢于拼搏，他们不服输，他们有越挫越勇的勇气。所以，我们在羡慕那些成功者的同时，不但要吸收他们的智慧，更要学习他们顽强的精神。

生活中的年轻人，可能现在的你衣食无忧，还有某些特长，可能你会有个灿烂的未来，但你不能就此停滞不前，激烈的竞争要求你不断进步，而求知与不满足是进步的第一必需品。生命有限，取得成功的唯一法门在于不断努力，在新的方向不断探寻、适应以及成长，这样，你才能步入新的高度。

那么，年轻人，现在就努力吧，在输得起的年纪好好努力，因为在这个世界上只有努力才不会辜负你的期望，它不仅仅帮助你获取工作、积累财富，还能帮助你开发自己的潜能，更好地利用自己的潜能，成为一个真正的胜利者。

也有一些人说，我不知道从何开始努力，不知道从何入手，找不到方向，这就是《在输得起的年纪，做不服输的自己》编写的目的。这是一本让你找到方向和力量的书，它并不以空洞的激励为主，而是贴近生活，贴近心灵，帮助人们在竞争的社会中找到自己的位置、唤醒自己的梦想，找到奋斗的方向。看完本书，你会获得力量，会找到自己热爱的事业，最终驾驭自己的人生，实现自己的人生价值！

编著者

2019 年 12 月

目录

CONTENTS

第 01 章

在输得起的年纪好好努力，成就不一样的自己

谁都知道，世间最抵挡不住的就是时间的前行，青春易逝，但同时，年轻也是资本，年轻就是输得起，输了大不了重新来过。任何一个年轻人，都要在最美好的年纪开始为未来打算，要有追寻梦想的勇气，人生初期，一定要努力和学习，因为现在的你决定将来的自己，只有现在好好努力，才能成就未来不一样的你。拒绝改变和成长，你就拒绝了后来灿烂的人生，也失去了改变的可能。

你只管努力，剩下的交给命运

对于人生，很多人都怀着急功近利的想法，总是不切实际地奢求一蹴而就地获得成功，总是希望不劳而获，就能在人生之中成就非凡。实际上，世界上没有免费的午餐，人生也从来没有不费吹灰之力的收获。既然活着，就要调整出自己最好的姿态，就要为人生拼尽全力，而不要总是只用三分力气做事，却花费大量的时间和精力抱怨。当你真正开始努力，就会发现真正想要实现梦想并不轻松容易。尤其是在努力了一段时间之后却没有获得预期的结果时，人们往往很懊恼，觉得似乎是被命运欺骗了，所以才会有付出却没有收获。从本质上讲，只有努力才可能有收获，而如果完全不努力，则没有任何收获的机会和可能。从这个角度来说，哪怕努力之后没有收获，我们也依然要坚持努力，而不要因为一时小小的失意就放弃努力。记住，命运既不会偏爱任何人，也不会亏待任何人。在人生的道路上，我们唯有鼓起勇气，勇往直前，向着风雨砥砺前行，才能获得自己想要的结果，也才能有所收获，有所成长。

如果努力没有回报，没有得到想要的结果，那只能说明一个问题，就是你努力的程度还不够，时间也不够，接下来你要继续保持热情持续努力，坚决不放弃，才能积少成多，聚沙成塔。举个最简单的例子，如果一个大学生从进入大学校园第一天开始，每天都背诵五个英语单词，那么等到大学毕业时，即使他并不是英语专业的，也一定拥有很好的英语水平。就像建筑高楼大厦需要砖瓦作为材料一样，这个大学生已经拥有了足够的砖瓦，还愁不能建造高楼大厦吗？他只需要有机会多多练习，就能脱口而出，熟练地说出一口英语。相反，如果一个大学生从进入大学到离开大学，除了课堂上跟着老师学习英语之外，从未主动积累和记忆过英语单词，也从未坚持阅读英语短文，那么日久天长，他的英语水平就会极大落后于人。众所周知，大学的学习和此前的学习完全不同，如果说此前是填鸭式教育，学生负责被动地接受，那么大学阶段要想充实自己，让自己在学识上取得突飞猛进的进步，就一定要变被动学习为主动学习，也要用心调整好学习的状态，端正学习的态度。运动贵在坚持，学习也同样贵在坚持，唯有在学习的道路上负重前行，遇到任何困境都不放弃，才能渐渐积累，也才能最终获得成功。

努力是一个漫长的过程，实现梦想更是漫长的过程，想要一蹴而就的人很难如愿以偿，因为这个世界上从未有捷径。所谓捷径，也只是人们在付出努力，做好万全准备之后，第一时间就能抓住的机会。与其羡慕他人轻而易举就能获得成功，还不如反思自己是否足够努力，是否坚持努力，是否有资格得到命运的青睐和善待。

在人生中的很多时候，我们的确没有必要过分认真，给自己套上枷锁。但是有些事情是必须坚持的，比如努力，这不是枷锁，而是我们对待人生应该有的态度。在努力之后，进步固然更好，不进步也无需沮丧，只要每天努力一点点，时光最终会让你的人生不断发酵，也会让你得到生命的大礼。

生命短暂，让有限的生命发挥无限的光和热

当看到别人轻而易举就获得了成功，而自己不管多么努力都总是原地踏步，人们心中未免有些愤愤不平，抱怨也由此而生。实际上，你看到别人那么容易就成功，似乎不费吹灰之力，这都是表面现象。从根本上而言，正如一首歌里唱的："不经历风雨，怎能见彩虹，没有人能随随便便成功。"所以我们都要透过现象看本质，都要从他人的成功里，发掘出他人成功的前提和条件。当意识到他人的成功也是历经千辛万苦才得来的，你还有必要抱怨吗？当用心地反思自己，你会发现你的平庸，

这是从来不愿意努力的必然结果而已。既然如此，要想改变现状，你最需要做的就是改变，当机立断发挥自己的力量，从而让有限的生命发挥无限的光和热，让梦想离成功越来越近。

不管对于谁来说，抱怨都是非常消极的行为。除了能在当时发泄不良情绪之外，抱怨没有任何积极的作用，反而还会影响自身的情绪，导致自己变得焦躁不安，负能量累积。常言道，人生不如意十之八九，这也注定了每个人在人生之中都会遭遇各种坎坷挫折，也会产生各种不良情绪。对于一个爱抱怨的人而言，值得抱怨的事情很多，诸如天气不好，阴雨连绵；孩子不努力，学习成绩上不去；爱人不是自己合心意的，与自己不合拍……在生活的方方面面，人们都可以找到抱怨的理由。然而，每个人都应该做的是停止抱怨，从而给予人生更多的明媚阳光。抱怨之于人生，就像乌云把天空遮蔽，如果在一个人的生命中只剩下抱怨，那么可想而知他生活得有多么悲惨。任何情况下，我们都要戒除抱怨，这样才能在生命中最重要的时刻，选择无怨无悔，迎难而上。

一个习惯于抱怨的人，内心是缺乏力量的，因为抱怨消耗了他的心力，使他缺乏生命的能量。一个人如果总是沉浸于抱怨之中，人生也必然是悲惨的，当抱怨在生命中渐渐渗透，使生命充满了负能量，生命之中还哪里有正能量的存身之地呢！

所以聪明的朋友从不抱怨，因为他们懂得与其把宝贵的生命时光用于抱怨，还不如调整好心态，整理好情绪，这样才能在人生的道路上砥砺前行，迎难而上，也才能让生命充满光明，拥有美好的未来。

世界上并没有绝对的公平，大多数人之所以总是抱怨，是因为他们追求公平而不得。与其为了公平而扰乱自己的心绪，不如调整好内心的状态，坦然接受命运的安排，去争取更好的结果，而不要肆意地抱怨。抱怨会腐蚀人的心灵，也会让生命遍体鳞伤。所以真正的聪明人，不会为了是否公平而让自己内心充满愤恨，而是会接纳外界的一切，然后激发出自身的所有力量，努力去改变，竭力去创造，拼尽全力去缔造奇迹。要想消除抱怨，还有一个好办法，即尽量站在他人的角度思考问题，然后当机立断展开行动，从而以行动祛除抱怨，也以行动改变人生的现状。

绝不屈服，命运可以改变

人人都知道应该把命运把握在自己的手中，然而在与命运的博弈中真正能获胜的人却少之又少。大多数人面对命运的坎坷，总是轻而易举就缴械投降，甚至还有些人对命运望而生畏，从来不会想方设法企图改变命运。不得不说，这样的人生将会是被动且消极的人生，很难在与命运的博弈中获胜，更不能切实有效地改变命运。

命运存在的意义是什么？是让每个人都逆来顺受，对命运俯首称臣吗？当然不是。命运之所以存在，最重要的就在于改变。每一个真正的人生强者，从来不会对命运屈服，更不会在与命运的博弈中轻易缴械投降。一个人也许天赋异禀，最终却被命运抛弃，就是因为他不知道如何把握和操控命运，而任由命运带着自己在人生的大海上随波逐流。而有的人明明资质平庸，却拼命地想要改变命运，因为他很清楚命运就是用来改变的。不改变，还要命运做什么呢？

还记得几年前在网络上尽人皆知、几乎被所有人口诛笔伐的凤姐吗？如今，凤姐已经拿到了美国绿卡，而且拥有一份很好的工作，还刚刚找到了如意郎君，成就了幸福的婚姻。不得不说，和几年前在网络上臭名昭著相比，今日的凤姐已经不可同日而语。当然，这一切都要从凤姐那个奇葩的征婚广告说起。时至今日，凤姐可以坦然承认自己当年发布征婚广告的目的就是吸引他人的眼球，从而让自己进入更多人的视野，也让自己争取到更多的发展机会。尽管方法不太高明，但是凤姐兜兜转转，还是实现了自己最初的心愿。不得不说，凤姐的奋斗史是非常励志的，也给很多内心脆弱的人们树立了榜样：我们未必人人都要走凤姐的成功路线，但是一定要有坚韧不屈的心态，才能在遭遇任何困厄时都决不屈服和妥协。

1940年，威尔玛在美国一个极其贫穷的工人家庭中出生了。她是家庭里的第二十个孩子，在她之前，她的母亲已经孕育了十九个孩子。可想而知，母亲的身体已经被掏空，因而威尔玛从出生开始就体弱多病。四岁那年，威尔玛更是被病魔打倒，不但患上了致命的猩红热，还患上了严重的双侧肺炎。母亲很爱威尔玛，每天都抱着年幼的威尔玛四处求医，然而医生都摇头放弃救治。没想到，威尔玛却拥有非常顽强的生命力，居然靠着求生的本能战胜了疾病，活了过来。

然而，猩红热给威尔玛留下了后遗症，她患上小儿麻痹症，左腿再也不能正常行走了。看着其他孩子如风一般奔跑，小小年纪的威尔玛内心非常苦闷。母亲对于没有照顾好威尔玛心怀愧疚，因而自从威尔玛生病之后，就把更多的精力用在威尔玛身上。在母亲的鼓励下，威尔玛有了梦想：像风一般奔跑。虽然母亲心知肚明威尔玛的左腿不可能复原如初，还是找来各种偏方为威尔玛治病。直到九岁那年，威尔玛终于扔掉拐杖站起来了，到了十一岁的时候，居然能够和哥哥们一起打篮球。到了十三岁，威尔玛开始参加跑步比赛，取得了非常优异的成绩，最终完全实现了自己的梦想，还在奥运比赛中赢得了金牌呢！

一个患有小儿麻痹症且不能正常行走的小女孩，却梦想着要成为跑得最快的人，可想而知她为了实现这个梦想，必然要付出比普通人更加倍的辛苦和努力。这个世界上有太多的不可能禁锢了人们的心灵，让人们的心面对不可能望而生畏。然而，很多情况下，哪怕是被病魔判了“死刑”，人们也可以以勇气和毅力去打破生命的魔咒，创造生命的奇迹。

顽强的生命从来不愿意向命运屈服，每一颗勇敢坚毅的心，都要集中所有的力量来战胜困难，从而彻底改变命运。记住，也许你会承受命运的艰难和打击，但这都不是你自暴自弃的理由和借口。当无法改变环境的时候，我们就要努力改变自己，以命运的力量与环境博弈，最终真正战胜命运，主宰人生。

全力以赴经营好人生，不遗余力努力奋斗

现实生活中，很多人都会感到困惑：我明明已经努力了呀，为何却没有获得成功呢？为何还是距离梦想那么遥远呢？的确，你已经努力了，但是你努力的程度还不够，你坚持的时间还不

够长，所以你尽管努力了，却还没有如愿以偿得到自己理想的结果。接下来，你需要做的不是质疑自己努力的程度，也不是怀疑自己是否需要继续努力，而是应该继续坚定不移地努力。只要方向没有错，任何时候，努力总是没错的。你只有更努力，才能全力以赴做好自己，也只有更努力，才能提升和完善自己。古今中外，有很多伟大的人之所以能够获得成功，并不是因为他们有独特的天赋，也不是因为他们得到命运的青睐，而是因为他们在成长的过程中，面对失败怀有坚韧不拔的态度。所谓成功，就是比失败更多一次尝试和努力，为此真正的成功者总是能够坦然面对失败，也在失败之后积极地反省自我，认识到自己的优势和不足，从而取长补短，扬长避短，有的放矢地提升和完善自己。

很多人都知道《南辕北辙》的故事。在故事里，那个要出门远行的人因为选择了错误的方向，所以虽然他带足了盘缠，有一个好车夫，也有坚固的马车，这些原本有利的条件却在错误的方向之下，全都变成了不利条件。为此，只有在保证方向正确的情况下，我们才要全力以赴去做好事情，才要决不放弃地去坚持和进取。

量变引起质变的道理，告诉我们很多事情要想发展和变化，就必须先进行量的积累。的确，世界上的万事万物不管是变好还是变坏，都需要经历这样的过程。其实，这对我们而言反而是好事情，虽然努力获得成功变得艰难，但是一些坏事情的发生也就不会那么猝不及防。成功固然来得更慢，失败却也来得缓慢而又从容。凡事皆有两面性，当我们换一个角度看待问题，就会得到截然不同的感受和结论。当然，面对人生中的很多事情，我们也要摆正心态，才能做得更好。尤其需要注意的是，成功者只为成功找方法，而不为失败找借口。作为努力上进的人，我们也要踩着失败的阶梯不断进取，才能让自己的生命绽放出与众不同的光彩。

现实生活中，总有年轻人对于自己的现状不满意，时常怨声载道。他们或者抱怨自己没有马云当爸爸，或者抱怨自己没有生在出英雄的乱世，或者抱怨自己的人生黯淡无光。不得不说，这样的抱怨对于解决问题、改变命运没有任何好处。人，总是生而不平等的，有的人一出生就含着金汤匙，有的人出生在贫穷人家之中，人生的起点很低，哪怕特别努力也未必能够达到他人一出生就拥有的高度。难道因为如此，他们就要放弃吗？当然不是。越是如此，人越是要理性慎重，越是要全力以赴经营好人生，越是要不遗余力去努力去奋斗，这才是最重要的。

努力的意义在哪里，很多人对于这个问题都不太了解和明晰。努力，不是为了一蹴而就获得成功，不是为了证明自己到底行还是不行，而是不断地积累，把那些对于生命有利的因素都集合起来，这样才能积少成多，聚沙成塔，也才能由量变引起质变。

当然，不是每一次努力都有收获，也不是每一个努力的人最终都能获得自己梦寐以求的人生。世界以痛吻我，我却报之以歌。除了要继续努力之外，我们还能在生命历程中做什么，收获什么呢？归根结底，我们要有自己的人生，我们不能一味地停留在原地，更不能只顾着模仿别人。

只有活出独属于自己的精彩，才是真正的成功，也只有把自己活得与众不同，未来才能绚烂绽放。

记住，努力的目的不是和所有人都争出个胜负输赢，而是在与自己比较的过程中，不断地超越自己，持续地进取，这样我们的人生才得以负重前行。

人生从来不轻松，更不会顺心如意，面对人生的困厄，与其一味地沉沦其中，怨声载道，不如调整好自己的心态，让自己全力以赴去做好该做的事情。

古人云，有心栽花花不成，无心插柳柳成荫。也许有一天，努力就会在我们的生命中悄然绽放，给我们意外的惊喜和收获。

心中有梦想，行动才有方向

在如今这个熙熙攘攘的时代里，有很多年轻人在努力的过程中，总是不知不觉间就会迷失自我，甚至不知道自己已经到了人生的何处。为此，他们内心非常迷惘，甚至在人生的各种岔路口都会犹豫徘徊，不知道如何才能努力地向前。实际上，对于人生而言，这样的状态是很糟糕的，常常会使人因为纠结而错过很多的好机遇。人人都想抓住好机遇，却从来不知道所有的机遇都是给有准备的人，如果一个人对待生活总是漫不经心，总是活在自己的梦想里却不愿意脚踏实地展开实际行动，那么他就总是会迷失自我，也会在成长的道路上失去自己的本心。

要想避免这种情况发生，最该做的就是确立梦想，坚持梦想。梦想的力量是非常强大的，可以让年轻人在努力奋斗的道路上坚持自己的本心，可以让年轻人在遇到坎坷挫折的时候鼓起勇气去奋战，在因为失败而颓废沮丧的时候再接再厉。可想而知，梦想的力量对于年轻人来说有多么重要。在梦想的指引下，年轻人的人生才会有方向，在梦想的支撑下，年轻人的生命才会有脊梁。

曾经有心理学家针对很多人的先天条件展开研究，发现大多数人的先天条件相差无几，只有少部分人有出类拔萃的天赋，也只有少部分人在某些方面非常落后，远远低于常人。除了处于这两个极端的少数人之外，大多数人的先天条件都是相差无几的。看到这里，也许有些朋友会感到纳闷：既然如此，为何有的人总是能够获得成功，而有的人却总是那么倒霉，始终与失败纠缠不清呢？其实，这不是命运决定的，而是我们与命运的相处模式决定的。成功者并不像大多数人误以为的那样有独特的天赋，有超常的能力，也许他们很平庸，但是他们却有一个共同点，那就是绝不服输。在成长的道路上，我们常常需要面对人生的诸多困境，如果选择向命运妥协，放弃努力和拼搏，人生就会陷入困顿之中，毫无发展和变化。真正的强者会选择始终与命运抗争，绝不向命运低头，他们有着遇强则强的特质，越是面对绝境，他们越是会激发自身所有的力量，奋不顾身地去拼搏，全力以赴去努力。正是因为拥有把自己置之死地而后生的勇气，正是因为不管命运多么艰难都有绝不放弃的精神和毅力，他们才能最终成为命运的强者，才能扼住命运的咽喉，勇敢地成就自我！

当然，他们也有梦想。失败者之所以因为一次小小的失败就会放弃努力，不愿意与自己的人生继续较劲，而是选择妥协，是因为他们没有梦想的指引，人生也总是失去方向。当人生失去方向，就像是船只在漫无边际的大海上航行，却失去了罗盘和指南针的指引。可想而知，船只最终也许会不知所踪，永远也靠不了岸。所以我们每个人都要全力以赴经营好属于自己的人生，不要妄自菲薄而限定自己，也不要妄自尊大而高估自己。在拥有梦想之后，我们就要理性客观地评价自己，既不要特别谦虚而忽略了自己的长处，也不要过于高调而放大了自己的优点。只有客观公允地评价和面对自己，我们才能更加快速地成长，也才能够在实现梦想的道路上扬长避短，取长补短，最终实现人生的伟大梦想。

先苦后甜，人生不能过早地安逸

在看冯小刚导演的《芳华》时，你几乎立刻就会被当时人们的精神面貌深深吸引住，他们是那样充满热情和激情，充满希望和渴望，为此不管做什么事情都全身心投入，非常专注，从不分心。和那个时代的人相比，如今的人们呢？尽管时代在发展，社会在进步，越来越多的人却对人生怀着厌倦的态度，似乎早就已经把所有的人生热情和激情消耗完了，接下来需要做的就是混吃等死，当一天和尚撞一天钟，日子好一点或者坏一点也都不太重要。真的如此吗？

很多应届毕业生在找工作的时候，第一要求就是安稳、旱涝保收。不得不说，这样的要求更适合几十年前的计划经济时代，大家都吃大锅饭，干得好不好，日子并不会相差多少，能不能分到房子也是早晚先后的问题。即便如此，大家对待工作也很认真，也想争当先进。今天的职场，一个萝卜一个坑，一个人在工作上付出多少，与他的收获往往是密切相关的。但是这些人却不愿意努力付出，只想找一个简单的、不操心的工作去做，这样才可以少操心，少出力，而获得哪怕不那么好却非常稳定的生活。这不得不让人质疑：如今的年轻人怎么了？他们年纪轻轻就缺乏拼搏和奋斗的精神，就想要提前过上退休的生活，事业如何能有起色呢？

俗话说，甘蔗没有两头甜。的确，对于每个人来说，谁如果先吃了甜的那一头，那么吃到最后就是不甜的，甚至是苦涩的。而如果想把甜蜜留到最后，我们就要先吃苦涩的那一头。人生也是如此，每个人在一生之中，都需要努力奋斗，而后才能享受。如果把奋斗与享受的先后顺序弄得颠倒了，就会变成享乐在前，吃苦在后。所以作为年轻人千万不要盲目追求稳定，因为你所谓的稳定只是无所作为，只是贪图安逸，必然导致你未来的人生道路越走越窄，越走越艰难。走得太容易的路，都是下坡路，走得艰难的路，都是上坡路。你是愿意在自己壮年的时候先走下坡路，还是在自己壮年的时候努力向上，为未来争取更好的生活呢？明智的人当然选择前者，我们也要选择前者。

面对职业选择，我们一定不要在年纪轻轻的时候选择安逸，而是要怀有年轻人的意气风发和斗志昂扬，选择吃苦在前，享乐在后。在选择一份合适的工作时，要注意以下几点。第一点，对于年轻人而言，找工作就是找平台，不要一味地盯着薪水高低，在薪水相差无几的情况下，当然是平台越大，对于年轻人的发展也就越有利。第二点，避免过度加班，这不是因为吝啬力气，而是因为过度加班会导致私人时间被压缩，而没有时间去充实和提升自己。其实如今的大学生从校园里毕业并不意味着学习的终止，而是另一段学习的开始。追求上进的年轻人要一边工作一边学习，才能不断给自己充电，从而让自己更好地适应职场生活。第三点，可以跳槽，但是不能滥用跳槽这个招式来寻找更好的平台。一个人如果总是频繁跳槽，就会给后面找工作设置障碍，给人留下不踏实不认真的印象，这样一来，还如何找到更好的工作呢？第四点，如果公司总是和你谈情怀，那么你要小心了，因为没有任何一家企业可以靠着情怀生存，而只能靠实力。也没有任何一家公司可以靠着企业精神和企业文化就留住人才，而是要靠给人才提供更大的发展空间和更好的福利待遇。第五点，还是要坚持学习。很多年轻人对于事业发展存在误区，觉得一旦参加工作就不能学习，其实不然。现代社会提倡终身学习，每个人都必须更加积极主动做好该做的分内工作，也要找机会做一些分外的工作，这样才能更加锻炼自己的能力，提升自己的实力。尤其还需要注意的是，要对于世界的大格局和社会的大环境都有所了解，否则一味地埋头苦干，脱离现实，成长和发展就会非常缓慢。

总之，成长是缓慢的过程，没有人从一出生就一帆风顺，每个人在生命的历程中都要经历很多阶段，也要经历各种各样的事情。因此，不要觉得成长很容易，而是要耐下心来面对人生，用心细致地面对成长，这样才能在成长的过程中不断地进步。天上不会掉馅饼，世界上也没有免费的午餐，我们必须做好自己，坦然接纳和面对人生的一切挑战，才能在奋斗的过程中激励自己努力向上，以拼搏和进取的精神，换来人生的柳暗花明。

第 02 章

内心的坚定，是你冲出黑暗的光亮

我们每个人在成长和成功的路上，都会遭遇各种各样的困境，有些打击甚至是致命的。然而，只要我们心中有坚定的信念，怀着希望，永远不放弃生活，命运的缰绳就握在我们的手中。因为困难只能打倒我们，却不能使我们永远失败。只要我们心中有信念，我们就随时能够再次站起来，就能冲出黑暗，迎来光明。

信念，是一种无坚不摧的力量

要想获得成功，需要具备很多的要素，正如诸葛亮所说的天时地利人和，也有现代人讲究的智商、情商、财商等各种商。然而，归根结底，要想获得成功，最必不可少的就是信念。人生的道路充满坎坷曲折，每个人唯有信念坚定，才能在人生道路上迎难而上，奋勇向前。否则，如果空有好的想法，等到真正去做的时候，一旦遇到小小的危险和障碍，就马上终止，就会导致前功尽弃，也根本无法获得真正有效的成果。

信念，是人生中最坚定不移的力量，是人生道路上的明灯，也是人内心深处的希望。不管什么时候，也不管面对怎样的糟糕境遇，人们都要拥有信念，才能排除万难，奋勇向前。没有信念的人，就像高楼大厦缺乏钢筋水泥的支撑，很容易坍塌，而信念坚定不移的人，则像是抗震八级的建筑物，哪怕遭遇大的地震，也不会轰然倒塌。

大名鼎鼎的葛林·康宁汉博士，儿时遭遇了严重的火灾，导致全身被重度烧伤。原本，小小年纪的他每天都会早早到校，赶在老师和同学们都到达学校之前，把教室里的取暖炉点燃。

然而，一天早晨，老师和同学们赶到教室的时候，发现教室里燃烧着熊熊火焰，而他正被困在火焰中无法脱身。等到人们费尽辛苦救出他的时候，他的全身已经被重度烧伤。看着他的情况，医生都劝说放弃治疗，还说活下来的机会渺茫，或者即便能够活下来，也会生活艰难。

出乎所有人的预料，他非常坚强，不但以顽强的意志力和身体上的伤痛做斗争，而且还在保住性命之后，从最开始的只能在地上爬行，到后来能够站立和自由行走。最终，他不但和其他所有孩子一样考入了大学，还成为大学的田径选手。不得不说，他以顽强的意志力创造了生命的奇迹，也让人生由此变得与众不同。

如果说人生是茫然无边的大海，信念就是人生的灯塔，始终为人生指明方向；如果说人生是无边无际的沙漠，信念就是沙漠中的绿洲，带给人们生机与希望。任何时候，信念都是人生中不屈的力量，也是人生永恒的精神源泉所在。信念也是人生的马达，为人生提供源源不断的动力，让人生动力十足，勇往直前。

正所谓人生不如意十之八九，没有任何人一生都是一帆风顺的。面对人生的坎坷挫折，面对人生的困境和绝境，我们唯有怀着坚定不移的信念，在人生路上勇往直前，才能给予人生更积极乐观的发展，也才能让人生绽放出光彩，拥有与众不同的充实与璀璨。

古往今来，很多伟大的成功人士，都是因为拥有信念，才能排除万难，在人生的困境中崛起。越是在艰难的处境中，人们越是需要信念作为支撑，否则在人生逆境之中，一旦信念不够坚定被打垮，就会彻底沉沦下去，也会导致人生一蹶不振。因而朋友们，你们一定要拥有坚定不移的信念，才能把握命运，掌控人生，也才能让人生与众不同。

调整心态，积极面对人生难熬的时光

如果你曾经在天将破晓的时候看着天，你就会知道在黎明前，天空会经历一段最深重的黑暗。这是因为在阳光普照之前，在即将到来的光的反衬下，黑暗更甚。其实，不仅黎明到来之前会有浓重的黑暗，在人生之中，也经常会经历黎明前的黑暗。例如，当人生中遭遇坎坷和挫折的时候，当人生中陷入绝境的时候，人们总是心生绝望，也觉得自己濒临崩溃，无法面对未知的人生。

曾经有心理学家经过研究表示，大多数人在人生中都会遭遇各种坎坷挫折，没有人能够顺遂如意，也没有人能够一帆风顺。既然如此，每个人都要调整好心态，才能以坚定的信念和态度对待人生，才能熬过人生中最艰难坎坷的阶段，迎来人生的曙光。

面对苦难，人人都会觉得万分艰难和煎熬，甚至有些人还恨不得想要逃跑。这并非是因为人生苦短，也不是因为命运不公平，而是因为苦难与挫折是每个人都必经的阶段。就像黎明到来之前总有黑暗，人生在迎来契机之前，也必须要经历漫长的煎熬，经过艰苦卓绝的努力和争取。唯有如此，时光才能不断地流淌向前，也才能让人生不断地发展，最终获得更多收获，也获得美好的结局。

很多喜欢看小说的朋友，都知道小说家毕淑敏。毕淑敏并非是文人出身，实际上是个武将，因为她曾经在部队里当兵，也曾经跟随部队经历过艰苦卓绝的生活。毕淑敏工作的地方在西藏的阿里，那里地处高原，环境非常艰苦。

有一天，毕淑敏接到紧急任务，要去野外紧急拉练。毕淑敏背着药箱、手榴弹等，在野外急行军，要在规定的时间里通过一百二十里。当时天寒地冻，环境恶劣，而且没有充足的水。再加上劳累状态下高原反应加重，毕淑敏当时就觉得自己濒临崩溃，甚至认为生不如死。在路过危险地带的时候，她恨不得跳下悬崖，但是一想到如此鲁莽和不负责任的做法会牵连战友，甚至把身后的战友也带入深渊，她又打消了念头。

经历过数次想死的念头之后，毕淑敏终于熬到了终点。此时此刻，她犹如死里逃生，这才意识到生命的可贵。

没有人在人生中能够一帆风顺，顺遂如意，在遭遇挫折的时候，我们一定要坚定不移地坚持下去，才能最终成功地摆脱厄运的纠缠，也才能在人生中有好的发展。

总而言之，当你觉得自己坚持不下去的时候，也要相信厄运已经疲惫不堪，甚至很快就会放弃对你的纠缠，也会彻底向你缴械投降。这样一来，你当然能够更加从容淡然，也不会再急功近利面对人生，因为人生的诸多不如意而歇斯底里。

人生就像打牌，没有人知道自己抓到的将会是好牌还是坏牌。抓到一手好牌当然是幸运的，如果不幸抓到一手坏牌，也不要觉得沮丧绝望。

要知道，真正的人生强者并不是抓到好牌春风得意，而是即使抓到坏牌，也能从容不迫，镇定自若，从而通过精心谋篇布局，把坏牌变成好牌。这样，才是真正的强者风范，也才能拥有充实精彩的人生。

坚定不移跟随自己的心，绝不人云亦云

现代社会，随着时代的发展，生活节奏越来越快，工作压力越来越大，很多人的内心都不再淡定。这是因为他们总是想要拥有完美从容的人生，却没想过人生从来不是一帆风顺的，而是会遭遇各种各样的挫折和磨难。大多数人的人生就像是一叶扁舟一样在波涛汹涌的海面上随波逐流，只有能够掌握人生之舟的人，才能主宰命运，才能在命运的河流上成为神一样的存在。实际上，心理学家经过研究发现，很多人的先天条件其实相差无几，之所以很多人总是与失败纠缠，而有些人却能排除万难获得成功，就是因为他们面对失败的态度截然不同，在面对人生选择时，也能够坚定不移跟随自己的心，而不是人云亦云，更不会盲目从众。

曾经有一位伟大的哲学家说过，对于人生而言，最大的成功是拥有坚定不移的信念，而最大的失败则是人云亦云，总是盲目从众。由此可见，信念之于人生就像是人的脊梁，能够让人的灵魂始终处于屹立不倒的地位，而一个人如果失去信念，就像是在茫然的大海上看不到灯塔的方向一样，当然会迷失自己，也会不知所措。所以对于每个人而言，都要牢记灯塔的方向，都要始终记得人生的道路所在，这样才能踯躅前行，哪怕遭遇

一些弯路和困境，也绝不迷失自我。朋友们，就让坚定不移的内心指引着我们前进的方向，就让我们能够拒绝盲目，从而在人生之中勇往直前吧！

作为美国纽约的第一任黑人州长，罗尔斯出生在臭名昭著的贫民窟，从小就耳濡目染社会上黑暗的一面。但是，罗尔斯出淤泥而不染，能够始终保持内心的坚定不移，从而顺利从大学毕业，而且成为纽约州的州长，不得不说，这对于很多黑人而言简直是不可想象的，也是根本不可能实现的。实际上，罗尔斯能够有如此的发展，也并非偶然，而是得益于他小学时期的校长。

当罗尔斯还在读小学时，有一天校长走到教室里想帮助每个孩子看手相。原来，校长对这个贫民窟里的小学已经想尽办法却总是收效甚微，才想出用看手相的办法引导孩子们，因为他无意间发现这些孩子都特别讲究迷信。在给孩子们看手相之前，校长先渲染了一番，说曾经被自己看过手相的孩子都前途远大。听完校长的话，罗尔斯迫不及待让校长为自己看手相，校长煞有介事看了罗尔斯的手相，一本正经地说："你的小手指又细又长，我只看一眼，就可以确定你未来一定能够成为纽约州的州长。"罗尔斯震惊不已，因为姐姐为他看手相的时候，曾经说过他能当船长，但是显然和姐姐的话相比，见多识广、学识渊博的校长的话更可信。从此之后，罗尔斯就像打了鸡血一样积极地学习，不知疲倦追求进步。纽约州的州长，就像一面鲜明的旗帜一样在他心中迎风飞扬。他渐渐地改变了，虽然依然穿得破破烂烂，但是他却能够保持干净整洁。因为罗尔斯的出色表现，很快班主任就提拔他当班长，这更让罗尔斯坚信自己终有一日能够成为州长。

在此后的几十年里，罗尔斯始终让自己像一名真正的州长一样，最终，他在年过半百之时，居然真的成为纽约的州长。此时此刻，罗尔斯当然知道并非是校长金口玉言的预见让他成功，而是校长在他心中种下了信念，也让他的人生从此有了脊梁。

这就是信念的伟大力量，对于每个人而言，信念都是至关重要的。唯有拥有信念，人们才能在人生的道路上坚持向前，哪怕走过泥泞坎坷，也绝不忘记初心。一个没有信念的人，就像船只在海上失去方向，就像在暗夜中行走却没有光明的指引，可想而知这样的人生该会多么糟糕，该是多么让人绝望和沮丧。要记住，对于每个人而言，成功并非是获得成就，收获荣耀，而是能够活出独属于自己的精彩，让生命始终充实且积极向上。

人活着，除了需要健康的肉体之外，更是需要拥有精神支撑的。一个人唯有在精神上始终屹立不倒，才能战胜肉体的苦痛，才能在人生中有所追求。否则，如果人生总是因为各种或大或小的事情就一蹶不振，又怎么能有机会从头再来呢！面对人生的苦痛，我们必须勇往直前，才能真正把握人生，操控人生！

信念是一块跳板，助你勇往直前

当一个人有充分的自信，他就会爆发出强大的力量，也会真正获得成功。人的信念具有无穷的魔力，一旦真正确定目标，每个人就应该坚定信心，持之以恒，哪怕遇到再大的困境也绝不动摇和放弃。从某种意义上而言，坚定不移的信念是获取成功的力量，也是不断奔向成功的跳板。缺乏这个跳板，人生也许会在失败中沉沦，无法上岸，拥有这个跳板，人生才能继续向前，勇往无前。

人生不如意十之八九，非但如此，很多时候人生还会面临诸多的困境，甚至有可能陷入绝境。如果没有信念，人生就像失去动力的小船，在海面上颠沛流离。唯有在信念的支撑下，人生才有方向，未来才有目标。所以最重要的不但是确立人生目标，也是让人生更加坚定从容，勇往无前。任何好的想法和创意，一旦离开实际行动作为支撑，就会变得支离破碎。所以信念也是人生的腰带，把人生束得更强大结实，也让人生越来越拥有力量。

作为一个普通的渔民，五十多岁的艾格尽管失去了妻子，不得不一个人抚养七个孩子，却依然满怀信心。因为他会捕鱼，即使别人都捕捉不到鱼，他也能有所收获。这让他的孩子饿不着，始终能吃饱饭，也能健康地成长。

艾格非常勤奋，每天都天不亮起床。他告诉自己，既然别人的孩子都有妈妈，自己的孩子却没有，那么就要更加辛苦，才能让孩子生活得好。这么想着，艾格驾驶着小船来到了自己的“地盘”，很快他就捕捉到好几条鱼，他感到很高兴，因为按照这样的趋势，他不但能供给孩子们吃鱼，还能换点儿钱给孩子买其他食物呢！正在这么想着，发动机的声音突然减弱了，到最后马达彻底罢工，小船在海面上漂浮。艾格起初还不是很担心，因为附近来来往往的渔船很多，他总能碰到过路的船，把他带回去。然而，一整夜过去，艾格没有看到任何船只，海流把他带到不知什么地方。以后，他在海面上漂流了一百多天，才靠近岛屿。可想而知这一百多天艾格是多么艰难才能度过，但是他始终有一个坚定的信念，那就是与家人团聚，抚养孩子们长大。正是靠着这个信念的支撑，艾格才能活着回到陆地上，才能创造生命的奇迹。

在绝境之下，艾格最大的愿望就是能活着回到陆地上，回到孩子们的身边，继续陪伴和抚养孩子们成长。正是有这个信念的支撑，他才能实现自己毕生最伟大的目标——活下去。作为普通人，简直不能想象一个人在海上缺衣少食的情况下居然能活过四个月，但是艾格做到了。每一天的每一个时刻，他都在提醒自己要坚强，绝不要放弃。也正是因为如此，信念才能支撑着他一天一天地活下来，勇敢地接受人生绝境的挑战。

当然，作为普通人，我们未必会经历如此残酷的生活环境，不可否认的是，我们在人生中也会经历各种各样的困境。与其因为人生面对绝境而放弃，不如坚定信念，不到最后一刻绝不放弃，这样才能迎来人生的柳暗花明，也真正拥有人生的生机勃勃。

相信是一种力量，可以让你彻底改变人生

相信是有力量的，每个人都要相信相信的力量，才能坚定不移相信自己，也才能坚定不移相信他人。否则，一个人如果从不相信相信的力量，不仅无法相信自己，而且在面对与他人的交锋和角逐时，也会盲目地迷失自我，导致对于人生失去相信的力量。毋庸置疑，这是非常可怕的，也会导致人生陷入困境，

迷失自我。

相信相信的力量，最重要的在于客观评价和认知自我。现实生活中，总有些人对于自我盲目自信，或者妄自菲薄。其实，不管是过于自信还是盲目迷信，都是很糟糕的态度，都会让人生误入歧途，陷入困境。对自己最好的态度就是客观公正，既认识到自己的优势和长处，也认识到自己的缺点和劣势，这样才能有的放矢，扬长避短，也能取长补短，从而使人生获得更好的发展。

大名鼎鼎的哲学家尼采曾经说过，每个人距离自己的距离是最遥远的。这句话告诉我们，一个人尽管对镜子里自己的面容很熟悉，实际上对自己的内心却很陌生，甚至有的时候还会完全忽略自己，导致对于自己的了解还没有对于他人的了解更深刻。在这种情况下，我们当然要更理性地靠近自己，也丢掉所谓的自卑和自暴自弃，从而让自己从积极乐观的内心有所收获，也获得成功。

对于每个人而言，不管是成功还是失败，实际上起点都是自信。而自信则源于正确的自我评价。一个人要想获得成功，相信自己是首要条件，如果缺乏对自己的评判标准，也可以为自己制定适宜的目标，通过观察自己能否实现人生目标，来判断自己是否足够自信，也能够依靠相信的力量彻底改变人生。

在大自然里，狼是非常凶残的动物，以肉食为生，因此很多动物在遇到狼时都会感到毛骨悚然，也会觉得非常惊恐。驯鹿却不怕狼，因为驯鹿体型强大，可以轻而易举就把狼踢翻。然而，狼却要想方设法捕食驯鹿，富有合作精神的它们采取的方式就是消除驯鹿的信心，与此同时狼也是满怀信心要吃到驯鹿的。

每当驯鹿觉得一切都很安稳时，狼就会第一时间对驯鹿群展开攻击。这个时候，内心毫无防备的驯鹿马上四处逃散，之后在惊魂未定之际暂时聚集在一起，从而集中力量以保证安全。在此过程中，狡猾的狼早就发现了哪只驯鹿的力量是最薄弱的，因而在追赶驯鹿的过程中不断地袭击那只跑得最慢的驯鹿。最终，狼把一只驯鹿的腿抓伤了。狼就此偃旗息鼓，没有任何驯鹿变成狼的腹中餐，狼也没有吃到任何食物。次日，狼会再次发起攻击，故技重施。需要注意的是，它们这次攻击的仍然是前一天受伤的驯鹿。如此几天之后，那只驯鹿接二连三受到攻击，体力大大消耗，精神上也濒临崩溃，最终它成为狼的腹中美餐。就这样，狼顺利地吃到驯鹿。

与其说狼与驯鹿展开的持久战是消耗驯鹿精神的，不如说狼是为了消除驯鹿的信心，让驯鹿自己就忍不住缴械投降了。从这个角度而言，并非是狼打败了驯鹿，而是脆弱的心灵让驯鹿最终难逃厄运，成为狼的腹中美餐。

面对强大的敌人，保持体力上的强势固然重要，更重要的是内心一定不能松懈，否则就会导致心中的力量全部消除，身体也会变得疲软无力。在这场身体与心灵的角逐中，狼相信相信的力量，而驯鹿则在逃亡的过程中失去相信的力量，因而失败也就成为定局。人生当然不同于这场短平快的角逐，更多的时候，人生是持久战，经常会遭遇意外的惊喜和惊吓，也会因为各种原因面对重重阻力。要想在人生中有出色的表现，每个人都要坚定不移相信相信的力量，也让人生展开翅膀腾飞，收获更多的成功。

管住信念，练就强大的内心

信念的解释是：坚定的意志，人生的信仰。没错，当人生追求的梦想变得足够坚定，不被外界轻易动摇的时候，便是我们拥有能够称之为“信念”的东西的时候。人生在世，我们每个人其实都有获得成功的潜能，这其中的区别就在于我们如何认识自己、挖掘自己、重用自己。很多时候，我们会对自己没有信心，认为别人就是理所当然的比我们要强很多。其实，我们只是忘了：有志者，事竟成，破釜沉舟，百二秦关终属楚；苦心人，天不负，卧薪尝胆，三千越甲可吞吴。

依稀记得那一年我九岁，上三年级的时候，初秋的一个傍晚，我在学校里得了演讲比赛的二等奖。在我生活的那个小村庄里，除了父辈们长久的劳作所得，其他的商品，如果有需要的话都要靠步行或骑自行车到遥远的集镇上去采买。就是在这样简陋的环境里，那是我第一次参加学校的演讲比赛而得奖。老实说，我的内心十分欢喜，因为第一名是我一直羡慕的镇上的同学，据我所知，她一直都有在外参加少年宫提高班。

于是，放学之后，我用了最快的速度奔跑回家，想要让父母感受到我的喜悦，认同我的进步与优秀。回到家的时候，印象当中有点失望，因为爸妈并不在家中。我百无聊赖地坐了一会儿，便拿出作业来写。作业快写完的时候，爸爸先回来了，手中还拿着锄头。我迫不及待地冲出去，爸爸还没来得及放下背上的工具就被我喊住了。我高兴地扬了扬手中的奖状，邀功似的递到爸爸面前，希望能够得到他的夸赞。然而，爸爸看了一眼我的奖状，却没有说任何话就忙着去放工具了。我的内心无比失落，仍然不死心地追问爸爸：“爸爸，我得了讲演比赛第二名，你不替我开心吗？”“你输了啊。”爸爸波澜不惊地回答道。“可是，有很多人参加啊，第一名还是我跟你说过的王某燕啊，她可是一直都在少年宫里面参加培训的。”我着急地向父亲解释道。父亲却转过头，深情地对我说：“大姐，希望你能够记住，你不必排在任何人的后面。”当时的我其实并不明白父亲这句话的深意，但也似懂非懂地点了点头，走开了。

说来也怪，尽管那时的我还很年幼，当时并未听懂父亲的话语，但是父亲说话的神情却一直刻在我的脑海里。也就从那次以后，每当我取得一点小小成绩就忍不住沾沾自喜的时候，我就会想起父亲那天说的这句话，以及当时他说这句话时严肃的神情。再后来，这句话就变成了我生命中的明灯，每当遇到艰难困阻想要放弃的时候，这一幕就会主动浮现在我的眼前，提醒着我，鞭策着我，不断努力前进。我想，正是父亲当年的这句话给年幼的我提了个醒，让我发现了自己还有争取第一的潜能，也必须要有争取第一的勇气和决心。而正是这个信念，鼓舞着我不断奔向更高的目标。

生活中的我们其实就是这样。冠军向来都是我们每个人都梦寐以求的，但冠军之所以宝贵也正是因为只有一个。既是如此，这世上便也注定了我们不可能所有的人都能够事事争得第一。但是，换个角度思考一下。试想，如果当初的我们连争取第一的勇气和决心都没有，我们又怎么可能会有成功的希望呢？

其实，只要我们在平时的生活中能够管理好自己的信念，能够大胆地多给自己一点刺激，多一点信心、勇气、干劲，多一份胆略和毅力，就能够将埋藏在我们内心深处的潜能发挥出来，创造出连我们自己都有可能吃惊的成就。想要成为我们想成为的人，是什么时候都可以开始的；想要去做我们想要做的事情的时候，任何方向都值得我们去努力。当你吝啬于付出自己的汗水和能量的时候，就是管理不住自我坚定的信念的时候，这时你所走的每一条路都有可能是弯路。而当你学会管理自我信念，用坚定的意志和超强的自制力管束住自我的行动时，只要你朝着目标继续努力前进，即便当下没有获得任何明显的进步，但是最终你一定会发现：只要你足够努力与拼搏，整个世界都会为你让路。未来和梦想从来都没有想象的那么简单，也从来都不是仅靠嘴上说说，而是我们用坚定的意志和踏实的行动一步步拼搏出的。

因此，请你记住：管理好自己的信念，用我们最强大的内心面对这尘世的致命诱惑，最终，你一定能够品尝到生活的甘甜和梦想实现的美好。只要拿出坚定必胜的信念，拿出背水一战的勇气，激发出我们内心的潜能，最终一定能够大步迈向成功。

第03章

现在拼了命努力，是为了有一个最好的自己

我们生活中的任何一个人，从进入社会的那一刻起，就要学会努力，因为没有一件事能轻轻松松做成，事实上，要想成功，就不能贪图简单，就必须要努力，现在拼了命努力，是为了有一个最好的自己，也只有趁着年轻好好努力，你才能收获你想要的未来。

你不努力，如何能指望出人头地

人的本能就是趋利避害，每个人天生就喜欢安逸舒适的生活，而不愿意整日辛苦奔波与忙碌。但是现实是残酷的，既然你没有马云当爸爸，甚至连小小的家族产业都没有，那么你就只能靠着自己不懈地努力，才能主宰和把握命运。每一个深入生活的人都知道，在如今竞争激烈的社会中，每个人都如同逆水行舟，不进则退。只有不断地努力和成就自己，才能坚持进取，也才能保持相对的静止状态。而要想持续地进步，获得小小的成功，就必须更加提升自己的速度。记住，这个世界上从未有天上掉馅饼的好事情，也没有不劳而获的成功。任何时候任何人，都要坚持进步，排除万难去成就自我，才能获得更好的成长。

常言道，命运总是公平的，其实这只是一句骗人的话。即使命运在给你关上一扇门之后，又给你打开了一扇窗，但是并不曾对你做到真正的公平。每个人生而不平等，出生在贫寒人家的孩子，一出生的起点，比那些富贵人家的孩子就会低很多。有的时候，他们即使非常努力，也无法到达富贵人家的孩子一出生就拥有的高起点，难道就要因此而放弃努力吗？当然不是。

因为我们奋斗的目标不是追赶别人，而是成就自己。任何时候，都不要盲目地和他人比，在不公平的情况下进行比较，对于自己也是莫大的伤害。在努力进取之后，要把今日的自己和昨日的自己进行比较，这样才能知道自己有哪些进步，也才知道自己需要如何弥补不足。每个人，只要相比起曾经的自己有所进步，就可以全力以赴奔向属于自己的成功，也拥有自己与众不同的人生。

在现代社会生存，对于每个人来说最可怕的事情是：比你还优秀的人都在努力上进，你却这么放纵自己，如何能够与他人竞争呢？很多年轻人在大学毕业后最初踏上工作岗位的时候，总是希望能够找到一份安稳的工作，最好是旱涝保收的。不得不说，现代社会根本没有这样的工作，因为每个单位、每个岗位，都从来不会养着闲人。要想出类拔萃，要想获得小小的成绩，就一定要付出加倍的努力。记住，人生之中没有任何一段经历是白白经历的，也没有任何学习会在我们的生命中了无痕迹。只要你此刻非常努力地学习，坚持不懈地奋斗和进步，哪怕不能获得梦寐以求的成功，也至少会获得失败的经验，从失败中总结出需要注意的事项，从而避免在同一个地方摔倒两次。

当你不曾为了自己的梦想而付出努力，就不要抱怨自己的人生总是平淡无奇，也过于平庸。对于人生，有付出未必有收获，但是如果不付出，就肯定没有收获。所以与其怨声载道，不如当机立断开始提升和完善自己，这样才能当即改变自己，也促使自己更加拼尽全力进取。

记住，不管你出生在怎样的家庭中，不管你拥有怎样的背景，只要不努力，都有可能被人生的洪流远远地甩下。现代社会，生存就是一场残酷的游戏，要想在这个游戏中胜出或者脱颖而出，就必须适应严苛的规则，也要全力以赴做好自己该做的事情。有人说莫问前程，其实前程是要问的，要为自己制定明确的人生目标和方向，才能在饱尝磨难和辛苦的时候，不忘初心，砥砺前行。

看似偶然的成功背后，都有数不尽的努力

对于人生，每个人的态度都是不同的。有的人对人生随遇而安，从来不愿意过分用心和过度努力；有的人对于人生总是特别认真，他们喜欢与人生抗衡，与自己较劲。有人说，人世间的事情就怕认真，其实这样的表达很有道理，因为只要我们认真，世界都会对我们如临大敌。

做每一件事情，是否用心，所得到的结果是截然不同的。

有些朋友也许会说，我哪怕非常用心，也没有获得成功。别着急，成功总不会这么轻易到来，你不但要用心，而且要非常用心，并且要坚持不懈，才能有的放矢地改变人生。还记得周星驰吗？很多人尊称周星驰为星爷，是因为现在的周星驰不可与刚出道的时候同日而语，不但是娱乐圈里的元老级人物，而且也成为票房神话的保证。然而，很少有人知道，周星驰在最初加入娱乐圈的时候，连跑龙套都会被吐槽，被黑，简直没有活路。但是周星驰很有毅力，他继续用心地做每一件事情，而且全力以赴做好每一件事情。用心的人总是让人害怕，认真的周星驰终于得到了丰厚的回报。在 2016 年，周星驰的电影《美人鱼》一炮而红，票房节节攀升，创造了票房的神话。

在《美人鱼》中，林允也得到了很多普通女孩和女星的羡慕，觉得她运气非常好，所以才能凭着影片获得成功。实际上，林允不是幸运，她虽然刚出道，但是却很勇于付出。据说，林允原本是陪着朋友去参加《美人鱼》的海选，后来却被选中成为女主角，看似偶然的背后，是林允努力抓住每一次的机会。在热播的《战狼 2》中，女主角卢靖姗也着实火了一把，然而，原定的女主角并不是卢靖姗，而是一位叫徐嘉雯的混血女孩。根据吴京透露，原本已经确定让徐嘉雯出演《战狼 2》，没想到徐嘉雯临时要求增加片酬，结果才换成卢靖姗出演。由此不难看出，徐嘉雯实在是目光短浅，而且临时要求增加片酬也是很不遵守行业规则的行为。正因为如此，她才失去出演《战狼 2》的机会，而卢靖姗也成为吴京口中最对的人选。可想而知，如果卢靖姗也和徐嘉雯一样盲目追求高片酬，那么这个在世界面前曝光的机会可就不属于她了。

对于成功，很多看似偶然的机会背后，实际上有着很多必然的因素在推动整件事情朝前发展。即使作为普通人，也不要随随便便羡慕别人的成功，而是要认真地思考自己需要怎样的成功。有的时候，成功的机会转瞬即逝，抓住了就能成功，错过了也许再也不会获得这样千载难逢的好机会。所以最重要的在于，我们要问清楚自己的心，才能在成长的过程中始终不忘初心，砥砺前行。

你不付出，就别指望有回报

很多年轻的朋友在努力奋斗的过程中，常常会感到迷惘，因为他们不知道为何自己这么辛苦付出，却没有得到预期的收获，也不知道自己这样拼尽全力去奋斗，最终的结果将会如何？的确如此。尽管人们都认为努力付出与收获是呈正比的，但是残酷的现实却告诉我们，即使你非常努力，用心付出，也未必能够得到自己梦寐以求的结果。但是，如果不努力，不付出，又将如何呢？

毋庸置疑，努力了未必有回报，如果不努力，不付出，那就注定得不到任何回报，而且还会导致事情朝着糟糕的方向发展。很多人在努力付出之后，面对失败的结果，总是难以承受，殊不知，即使遭遇失败，也远远比无所作为更好。因为失败之后，还可以总结经验和教训，让自己在人生之中有更好的表现，而如果一直躲在人生安逸的舒适区里，虽然避免了失败，却也彻底失去了成功的一切可能。看到这里，相信明智的朋友一定知道自己应该怎么做，才能竭尽所能抓住好机会、转瞬即逝的机会，从而让自己的人生有更好的发展和成长。

人生是一个短暂的过程，从新生儿呱呱坠地的时候去看，也许觉得人生还很漫长，然而光阴流转，弹指一挥间，人生就走到了童年、少年、青年、中年，直至暮年。所以最重要的在于，不要挥霍青春，而是努力过好人生的每一天，这样才能全力以赴把人生活得充实而又精彩。如果年轻的时候不努力，不奋斗，还要青春做什么呢？古人云，少壮不努力，老大徒伤悲。正如甘蔗没有两头甜，如果人生趁着年轻不努力，等到老了，就会陷入被动的状态，也有可能会有凄凉的晚年。所以说，人生其实是一种投资，只有善于投资也懂得投资人生的人，才能抓住合适的机会经营好人生，也从容地度过人生。

很小的时候，她就知道自己和其他孩子不一样。妈妈因为嫌弃家里穷，在生完她之后就离开了家，而爸爸也一直身体不好。后来，爸爸因为病情严重，去世了，她就和爷爷奶奶一起生活。爷爷奶奶没有任何的经济来源，一开始还能下地干活，随着身体越来越差，根本不能下地干活。她不得不一边上学，一边干好地里的农活，早晨还要起床给爷爷奶奶做饭。即便是这样，她也咬牙坚持上完了高中，还凭着优秀的学习成绩，被一所大学录取。

她把爷爷奶奶托付给邻居照顾，自从上大学的第一天开始，就勤工俭学，有的时候在学校食堂帮忙，有的时候去校外当家教。为此，她不但挣出了学校减免后的学费和书本费，以及自己的生活费，而且还时常给爷爷奶奶寄钱，寄各种营养品。当然，她也没有忘记努力学习，提升自己。最终，她大学毕业后应聘进入一家很好的公司，在爷爷去世后，她还把奶奶接到身边来生活。

你一点一滴的努力，命运都会看在眼睛里，牢牢地记在心里。作为年轻人，任何时候都不要放松对于自己的要求，也不要总是懈怠。记住，不管多么精彩的人生都是要努力打拼才能得到的，世界上从来没有天上掉馅饼的好事情，也没有一蹴而就的成功。每个人要想活出独属于自己的精彩，要想成功地改变命运，就一定要抓住命运中各种转瞬即逝的机会，全身心投入地努力，大张旗鼓地张扬人生。

不是所有人都有好运气，都能有成功的父母和显赫的家世。大多数人要想在人生之中出类拔萃，就要靠着自己努力拼搏。即使现在的努力拼搏看似没有收获，或者没有得到明确的回报，也要坚持去做。你会发现，你的付出已经开花结果，让你拥有了与众不同的人生。

人生之中，没有一段经历是白白经历的，正所谓不经历无以成经验，哪怕是失败，也会成为人生中最宝贵的经验。付出更是如此，也许付出之后没有得到我们预期的回报，但是那些无形的回报却悄然来到，例如我们得到了付出的喜悦，也感受到与他人之间的友好与善良，还得到了他人的感谢。西方国家有句谚语，赠人玫瑰，手有余香，就是告诉我们给予本身就是一种快乐。

调整心态，坦然地面对人生的风风雨雨

在人生的道路上，绝没有任何人始终顺遂如意，而从未经过生命的挫折和磨难。常言道，人生不如意十之八九，正是告

诉我们不如意是人生的常态，顺遂如意则是人生中可遇而不可求的。因此，我们要更加坦然地面对人生的风风雨雨，这样才能不断地激励自己成长和进步，也才能调整好心态，积极地面对人生的坎坷挫折。

毋庸置疑，危机看似人生的绝境，实际上却是人生中隐藏的契机。如果在面对人生磨难的时候，总是无法战胜内心的困境，情不自禁地放弃，那么这样虽然避免了失败，却也彻底失去了成功的机会。真正的人生强者，不会随随便便就对困难缴械投降，而是会更加坚定不移走好属于自己的人生道路，也全力以赴打破生存的困境，为自己找到新的人生出路。这样一来，人生也许就会豁然开朗，或者至少出现新的转机。

如果你曾经接触过成功者，你就会听到他们讲述成功的经历，也就会知道他们在成功之前曾经非常辛苦地付出，决不放弃地坚持，尤其是还要拼尽全力战胜各种不期而至的艰难困苦，从而证明自己的实力。

面对生活，很多人都陷入一个误区，即总觉得是因为外部的环境改变了自己的人生，而从未想过正是他们对于人生的不同态度，才导致他们在面对人生的过程中遭遇重重坎坷与磨难。有人说，心若改变，世界也随之改变，这正告诉我们一个人必须非常努力地改变自己，才能从容地应对外界的一切。

在非洲历史上，有一个人是每个人都必须尊敬的，那就是曼德拉。作为领导非洲人民进行解放战争的首领，他的一生之中，有漫长的时间是在监狱里度过的。为此，他在监狱里受到很多非人的折磨，但是他从未放弃过自己的梦想，而是始终都心存希望。后来，曼德拉走出监狱，在宣布总统任职的时候，他还邀请了当年看守他的狱卒，真心地感谢狱卒。不得不说，曼德拉博大的胸怀，正是他能够成功地率领非洲人民真正获得自由和民主的原因。

在后来写自传的时候，曼德拉说："即使在监狱里的日子很难熬，我也可以从狱卒身上看到人性的善良和美好，哪怕这样的善良美好转瞬即逝，也足以支撑我的信心和希望。"不得不说，曼德勒是一名理性的斗士，正是因为对于理性的坚持不懈，他才能成就伟大的事业，也才能拥有波澜壮丽的人生。

对于每个人而言，毋庸置疑，挫折和磨难是对于人生的挑战，也是人生中莫大的危机。但是，只要调整好心态，能够以积极的态度乐观面对，我们就能够从挫折和磨难中勇敢地站立起来，也可以激发出自身的力量，更加坚定不移地走出属于自己的人生道路。记住，温室里的花朵是经不起风吹雨打的。我们一定要成为生命力顽强的野草，才能在经历风雨之后迎来人生的绚烂彩虹。

坚持努力，不经历无以成经验

人人都想获得自己梦寐以求的生活，为此他们在生命的历程中始终坚持努力，始终拼尽全力。然而，努力了就一定会有收获吗？现实告诉我们，很多时候，努力了才有可能有收获，而如果不努力，则一定毫无收获。因此哪怕冒着努力之后不能如愿以偿的风险，我们也要坚持努力。西方国家有句谚语，叫作赠人玫瑰，手有余香，对于我们而言，努力付出之后，即使没有得到预期的收获，也一定会得到更多的经验。俗话说，不经历无以成经验，就是这个道理。

人生之中的任何一段经历，都不可能是白白经历的。哪怕在努力付出之后，没有得到预想的结果，也不要消极沮丧，而是要意识到自己在努力的过程中已经获得了成长。古人云，开卷有益，就是在告诉我们打开一本书去看，就会有所收获，更何况是在人生中努力呢？每一份努力都有回报，每一份努力都不会白白努力。从本质上而言，一个人之所以选择努力，是因为他不想在人生暮年的时候感到颓废和沮丧，也是因为他不想在面对人生未来的时候，觉得毫无底气。虽然现实生活中有很多人都特别在乎别人的看法和评价，而实际上每个人拼尽一生去尽量过得最好，目的就是为了给自己一个交代。所以不要总是很浮躁，也没有必要把别人的意见和看法看得那么重要，只有确定自己的人生梦想和方向，并且坚定不移朝着人生目标前行，我们才是真正对自己的负责，才是为人生负责。

小雨的家在云南的一个偏僻山村里，这个山村特别闭塞，平日里，村子里的人很少走出村子，除非是需要买日常必需品，或者是到了过年的时候要采购年货，他们才会下山。在日常生活中，村子里的人都自给自足，吃自己种的蔬菜，吃自己养殖的鸡鸭等家禽。正是在这样闭塞的环境中生活，小雨一直到了初中，才走出大山。

离开家的小雨，过上了不一样的生活。他就像是刘姥姥进了大观园，看到什么都新奇，用了很久的时间才适应了外面的世界。见识到外面世界的美好，小雨当然不想再回到大山里，为此他非常努力地学习，希望用知识来改变命运，让自己未来有更好的成长和发展。六年寒窗苦读，小雨终于考上了大学，从县城去了更大的省城，他这才惊讶地发现人外有人，天外有天，原来还有比县城更好的地方啊！大学期间，其他同学都在吃喝玩乐，对于学习则漫不经心，但是小雨没有一天松懈过。他知道，自己在城市里没有根，必须靠着自己努力，才能有更好的成长，也才能在这个城市为自己赢得立锥之地。果然，大四那一年，班级里很多人都已经在父母的安排下找到了工作，小雨却在四处奔波。最终，他找到了一份并不那么理想的工作，但是他没有其他的选择，就只能接受这份工作。

即使对于工作不是很满意，他也依然努力进取，奋力拼搏。既然拿着公司的薪水，就要把工作做好。每当工作上有空闲时间的时候，他还会参加各种培训班、补习班，努力提升自己。终于有一天，小雨考上了研究生，他继续努力深造。而当初在工作中积累的经验，虽然与他的大学专业不是密切相关的，却成为他读研期间的选题。为此，他以一篇非常优秀的论文完成了研究生学业，而且这篇论文还被发表在重要刊物上，也为他找工作奠定了良好的基础。

对于一份不那么喜欢的工作，小雨也能全身心投入去做，正是因为如此，他才会因为在此期间积累的工作经验，而在读研期间有更好的表现。一个人，不管正在做什么工作，也不管从事什么职业，只要是在坚持做好每一件事情，哪怕最终的结果不能如愿以偿，也会在努力的过程中获得收获，这就是努力的意义，也是努力在人生中不可取代的原因。任何时候，我们都要全力以赴经营好人生，唯有如此，才能无怨无悔。尤其不要吝啬力气，因为力气是用不完的，在努力上进的过程中，我们才会证明自身的能力和价值，也才会在人生道路上有更出色的表现。

努力的意义，就在于改变，就在于证明自己。不管得到命运怎样的对待，也不管在人生的道路上最终将会获得怎样的结果，我们都要不遗余力去努力，这样的拼搏和坚持远远胜过一切豪言壮语，也必然对我们的人生产生最强大的力量，让我们在拼搏之后获得意外的惊喜和充实精彩的人生！

哪怕遭遇失败，也比什么都不做来得更好

人的本性总是趋利避害的，人人都希望在人生之中能够获得一蹴而就的成功，却不知道成功从不从天而降，世界上更没有免费的午餐和天上掉馅饼的好事。一个人要想有所收获，就要端正心态对待人生，就要知道人生固然艰难，但是唯有坚持砥砺前行，才能看到不一样的风景。曾经有心理学家经过研究发现，很多人的天赋相差无几，之所以有的人遭遇惨败，而有的人却能够获得成功，并非因为他们在先天的条件方向相差迥异，而是因为他们面对失败的态度截然不同。

胆怯者因为怕得不到成功，所以在没有真正去做什么之前就先否定了自己，美其名曰未雨绸缪，实际上已经过度严重，变成了杞人忧天。所谓人生不如意十之八九，别说不敢去做了，

就算真的敢去做，也未必能够如愿以偿得到好的结果。所以面对人生的困境，每个人都要坚定勇敢，砥砺前行。还有很多情况下，人们所担忧的情况并非真的会发生，也验证了很多人的焦虑不安其实完全没有必要存在。一件事情或许看起来很难，想起来也不能顺利进行，但是唯有真正去做，才会发现一步一步向前走去，事情并没有我们想象中那么糟糕。所以人生固然需要未雨绸缪，如果处境艰难，在尽量设想更长远的基础上，能够走一步看一步，随遇而安，顺势而为，也是不错的选择。

生命就像是一条奔腾不息的河流，时而水流舒缓，时而水流湍急，每个人都要摸着石头过河，才能在生命的河流中逆流而上，渡过最危险的河滩，还有人说生命是一场没有归途的旅程，的确，人生是单程票，每个人要想在人生中收获更多，就必须放缓脚步看风景。也许到达人生的目的地会毫无收获，但是旅程中看在眼里记在心中的一切，就是最大的收获。人们常说，不识庐山真面目，只缘身在此山中，实际上，不仅因为身在此山中，也因为熟悉的地方是没有风景的。所以每到节假日，整个中国都会被掉个底朝天，人们四处玩乾坤大挪移的游戏，或者坐车或者开车，或者搭乘飞机围着满中国跑。很可能九寨沟的人去了西藏，而西藏的人则不远千里去了九寨沟，也或者国外的人来中国旅游，中国人有条件的不惜付出昂贵的旅费，去了国外看风景。正如有位名人说的，你站在桥上看风景，很有可能你本身也是桥上的一道风景，被不知名的人看着。然而，要想浏览人生中更多的风景，更重要的在于走出去，看过去。否则一个人如果像井底之蛙一样每天都留在家里，那么不管多么努力和辛苦，他们也无法看出去，所见也就是眼前的小小天地。

不仅看风景如此，对于人生中的很多事情，都是同样的道理。越是当处境艰难的时候，我们越是应该努力勇敢地去做，这样才能在做的过程中不断调整，也才能在人生的道路上砥砺前行。记住，一个人哪怕遭遇失败，甚至承受巨大的损失，也远远比什么都不做来得更好。人生是没有回头路可走的，生命的时光更不可能倒流。尤其是在追求梦想的道路上，更应该拼尽全力，勇往直前，否则一旦错失实现梦想的最佳时机，一切就都会变得面目全非了。有人说人生是漫长的，有人说人生是短暂的，归根结底，人生还是短暂的。每个人都要珍惜青春好时光，都要在最合适的时间里做最该做的事情，才能事半功倍，效率倍增。

第04章

坚持到无能为力，才不会辜负当下的努力

对于任何年轻人来说，我们都知道，在实现人生理想的道路上，努力是至关重要的，但比努力更重要的是坚持，若还没努力就放弃，那么，你的这场人生之战最终是会失败的。的确，我们每个人都要记住，每个人的命运，只能靠自己设计，靠自己转弯。也许你会说，为什么我这么努力还是没结果？那么，可能是你的努力不够，你的坚持不足，因此，人生路上，无论怎样，我们时刻都要坚信自己，付出不亚于任何人的努力，并且坚持下去，才能成就强大的自己。

再坚持一下，成功就在人生的转角处

很多时候，万水千山走遍，我们才会发现自己一直心心念念、梦寐以求的东西就在身边。为何我们对于自己唾手可得，或者只需要付出小小的努力继续坚持下去就能获得的一切视而不见呢？并非因为内心不够渴望，而是我们在面对成功的时候，因为一颗心急于求成，迫不及待，所以导致在付出很多的同时，却失去了清醒的头脑，忘却了初心。这就像是一个人开采金矿，也许在开采前期付出了很多，但是在坚持一段时间之后，因为毫无收获就要放弃。却不知道当他人继续开采金矿，只需要再挖一锹土，就能成功地挖掘到金矿，成为不折不扣的金主。这样的好运气当然让人羡慕，殊不知，这个金矿原本是应该属于前主人的，只是因为前主人面对开采之后毫无结果的金矿彻底放弃了，所以也便错过了成功。

在人生中，很多细心的朋友们都会发现，成功就在人生的转角处。正所谓踏破铁鞋无觅处，得来全不费工夫。除了要拥有对成功的渴望和获得成功的强烈愿望之外，要想获得成功，还要拥有顽强的信念和坚持不懈的毅力。记住，宝剑锋从磨砺出，梅花香自苦寒来，没有人能够随随便便获得成功。每个人要想在人生之中有所收获，就要持之以恒，决不放弃。哪怕在付出很多却毫无收获的情况下，哪怕遭遇黎明前的黑暗，看不到人生的希望所在时，我们也要坚持不懈，从而在下一锨土的时候，发掘出属于自己的人生金矿。

高中毕业后，因为没有考入理想的大学，也因为家境贫穷没有钱复读，小米和小麦这对双胞胎姐妹花，决定背起行囊去大城市打拼。可想而知，当她们带着微薄的积蓄去到大城市的时候，面对着车水马龙的陌生城市，心中有多么忐忑不安。为了节省盘缠，她们不得不住在潮湿阴暗甚至连信号都没有的地下室中。接连找了半个月的工作，她们都没有找到心仪的工作。虽然饭馆的工作好找，但是小米很有野心，她不愿意自己千里迢迢来到大城市只能当服务员，为此，她选择去一家化妆品公司推销化妆品。尽管没有底薪，而且要整日奔波，但是小米对小麦说："这份工作，能使我看到希望。"看到小米这么说，小麦也怦然心动，原本准备去饭馆当服务员的小麦，也和姐姐一起当起了化妆品推销员。

一个月之后，尽管小米和小麦非常努力，但是她们却连一套化妆品都没有推销出去。小麦不由得万分沮丧，眼看着她们随身带的盘缠就快用完了，她们也辛苦地奔波了一个月四处推销化妆品，但是却毫无成效，小麦情绪崩溃地对小米说：“我再也不想每天馒头咸菜了，去饭馆里当服务员，至少管吃管住，而且每天都能吃米饭炒菜呢！”小米劝说小麦：“当服务员是吃青春饭，而且学不到任何技术，难道你能一辈子都当服务员吗？！再坚持一个月吧，实在不行就放弃，再给自己更多的机会，好不好？”小麦去意已决，不顾姐姐的劝说，当天就背起行囊去了一家饭馆报到。

小麦一开始的确过得比小米好得多，当小米每天四处奔波却颗粒无收，甚至连剩下的房租都不知道在何处时，小麦却每天都有吃有喝，而且每个月还有固定的工资可以领取。小麦为此沾沾自喜，也不止一次劝说姐姐投奔自己。每当这时，小米总是说：“再努力一把，一定要再努力一把！”就在小米第若干次说起这句话的时候，她居然成功地推销出去生平第一单化妆品。从此之后，小米此前的积累都爆发出来，她几乎每天都在签约，当月所得的薪水，就相当于小麦半年所得。三年过去，小米不但成为化妆品公司的销售主管，事业上风生水起，而且还买房买车，彻底在大城市站稳了脚跟。看到姐姐的今日，小麦很后悔，然而她已经习惯了当餐馆服务员，没过几年就回老家嫁人了。

在这个事例中，小米和小麦是一对双胞胎姐妹，可以说，她们人生的起点是极其相近的。然而，为何原本应该同命相连的双胞胎姐妹，在去到大城市打拼几年之后，人生就有了翻天覆地的变化呢？这是因为小麦不够坚持，而小米却始终告诉自己再努力一次。正是在这样绝不放弃的精神支撑下，小米才能突破人生的困境，获得伟大的成功。而小麦并非输给了命运，而是输给了自己胆小怯懦的心。

人生之中没有败局，真正的败局，来自于人的心底。是因为人彻底失去希望，也在人生中沉沦下去，所以他们才会不知道人生的道路该何去何从。真正的人生强者，是对于人生有着希望的人，是哪怕面对艰难坎坷甚至是绝境也不放弃人生的人。记住，人生不是用来平顺度过的，正是坎坷和挫折，才让人生越挫越勇，也在磨难中不断地成长和成熟起来。

坚持不懈，才能在人生之中勇往直前

有人说，性格决定命运，有人说，习惯决定人生。的确，不管是性格还是习惯，对于人生而言都是至关重要的。每个人既要有好性格，也要有好习惯，才能在人生的道路上坚持付出，也才能在人生之中收获更多。由此可见，对于每个人而言，一旦拥有坏习惯，人生就会陷入被动；而如果拥有好习惯，人生就能坚持付出和收获，也会有更好的发展。其实，坏习惯和坏习惯也是不同的，例如很多坏习惯不值一提，而有些坏习惯却会给人们的生活带来极大的负面影响，例如当放弃成为人生的习惯，人生就会陷入被动之中，也会因为总是求之而不得，而使内心沮丧绝望，无法鼓起充分的信心面对人生。在这样的情况下，我们当然要坚持不懈，才能在人生之中勇往直前，也才能让人生拥有与众不同的成就和未来。

很多人都听说过《守株待兔》的故事，那么就知道那个人一味地守在曾经捡到兔子的地方，并不能再次捡到兔子。这是因为捡到兔子原本就是小概率事件，这个世界上既没有不劳而获的午餐，也没有一蹴而就的成功，每个人要想收获人生，就一定要坚持付出。常言道，种瓜得瓜，种豆得豆，虽然有的时候种瓜未必得瓜，种豆也未必得豆，甚至付出也未必会有回报。退一步而言，即便付出未必有回报，但是如果不付出，那么就连收获的可能也没有了。就像很多朋友为了避免失败而束手束脚，完全放弃努力，却不知道当完全避免了失败的可能性，就连成功的可能性也完全失去了。从这个角度而言，我们一定不能害怕失败，唯有迎着失败勇敢向前，决不放弃，才有可能拥有成功，实现人生的终极目标。

曾经有心理学家经过研究发现，很多人的天赋都相差无几，而之所以有的人彻底陷入失败之中，有的人却能够获得成功，并非是因为成功者有独特的天赋，而是因为失败者不敢否定自己，不敢轻易尝试，总是遇到小小的困难就放弃，最终使放弃成为人生的坏习惯，也使得人生总是止步不前。常言道，人生如同逆水行舟，不进则退，这就告诉我们没有人能够在人生中偷懒，从而保持稳定静止的状态。每个人都要坚持进步，才能在人生中保持相对的静止，而如果进步的速度不够，跟不上人生前进的速度，那么他们反而会相对退步，也会导致人生止步不前。

对于任何人来说，人生中的好机遇都是转瞬即逝、千载难逢的。很多人抱怨命运不公，没有给自己好机会，却不知道命运从来都是公平的，在给一个人关上一扇窗的同时，也会他打开一扇窗。正如人们常说的，这个世界上并不缺少美，缺少的只是发现美的眼睛。对于每个人而言，对于人生一定要瞪大眼睛，才能最大限度发现人生中以各种面貌出现的机会，也才能欣赏人生的美丽与新奇。现实生活中，有些人没有练就火眼金睛，根本不知道机会已经来到了自己的身边，还有人虽然看到机会来到自己身边，却因为犹豫不决、瞻前顾后，导致错失机会。所以说面对机会，认清楚机会固然重要，能够果断地抓住机会，也是非常重要的。随着时间的不断推移，很多人都越来越意识到机会的重要性，却只有极少数人能够破釜沉舟，果断地抓住机会。这对于渴望成功的人而言，当然是致命的，也是会带来严重伤害和打击的。

记住，在人的生中，任何时候都不要放弃希望。唯有不断地坚持，努力上进，我们才能改变人生的困境，也突破人生的绝境，从而使人生越来越成功，越来越美好。否则，人们一旦习惯了放弃，那么放弃的就不仅仅是一次两次的机会，而是自己的整个人生。当放弃成为人生的习惯，人生也就距失败越来越近了。当人生习惯了放弃，又如何能够打起精神来努力奋发向上，绝不错失任何小小的机会呢？！记住，每个人的人生都把握在自己手中，只有坚持到底的人，才能真正抓住机遇，也才能赢得人生的成功。

轻易放弃，又怎能享受生命的美好与馈赠

正如一首歌里所唱的：“不经历风雨，怎能见彩虹，没有人能随随便便成功。”确实，对于大多数成功者而言，他们并非接受了生命的馈赠，反而比普通人更加饱尝生命的艰辛和磨

难。古人云，宝剑锋从磨砺出，梅花香自苦寒来，每个人唯有在生命之中拥有更多的阅历和经验，才能感受生命的美好，尽情享受生命的馈赠。记住，这个世界上没有任何人的人生是一帆风顺的，大多数人的人生都要经历坎坷挫折，都要被苦难磨砺。

很多人为了实现心中的梦想，不得不卧薪尝胆。记住，在这个世界上，即使被他人嘲笑，忍受冷嘲热讽，也不要总是犹豫纠结。只有坚强的忍耐，只有坚持守住生命的美好，才能守得云开见月明，才能摒弃一切苦难，在人生中勇往直前，也才能把生命的露水凝聚成人生中最富有光泽的光环。

很久以前，有一座城市被敌人如同箍铁桶一般严密地围困起来，几乎没有突破的可能。无奈之下，负责守城的将军只好派出一位士兵渡河求援，然而，这位士兵来到渡口之后，却发现原本有渡船的河边此时此刻空荡荡的没有任何船只。原来，因为战火纷飞，船夫全都逃跑了。如何才能顺利渡河呢？士兵守在河边，忧心忡忡，他很清楚是否能够顺利渡河，不但关系到他的生存，也关系到整个城市的存亡。他一时之间想不起如何渡河，又不甘心就这样回头，因而盯着凛冽的寒风守在河边。

到了下半夜，气温更低了，士兵与战马依偎在一起瑟瑟发抖，靠着战马的体温取暖。他祈祷着自己不要死去，就这样苟延残喘活到下半夜。好不容易熬到天亮，士兵看向河里，突然发现寒冷创造了奇迹，出现了一条冰封的道路。士兵赶紧策马过河，成功求援，整个城市都得救了。

如果这位士兵轻易就放弃了坚守，选择回头，那么也许整个城市都会灭亡，士兵也会失去宝贵的生命。幸运的是，这位士兵不是轻易就放弃的人，而是努力坚守到最后一刻，最终创造了奇迹，也拯救了整个城市。不得不说，士兵也拯救了自己。

古今中外，大多数成功人士之所以能获得成功，就是因为他们在面对苦难的时候决不屈服，而是勇往直前，坚持到最后一刻。很多熟悉历史的人都知道，著名的历史典故《卧薪尝胆》中，越王勾践之所以能够成功地突破自我，成功地一雪前耻，最终灭了吴国，就是因为他在吴国期间始终忍辱负重，绝不暴露自己的野心。在人生发展的道路上，每个人都要坚定不移地朝前走去，哪怕遭遇再多的坎坷挫折也决不放弃，才能最终成就自己，创造人生的价值和美好的未来。当然，人的本性都是趋利避害的，每个人都想享受，而不愿意艰难跋涉，即便如此，也要坚定不移走好自己选择的人生之路，才能最终到达人生的彼岸。否则，一旦遇到小小的困难就轻易放弃了，哪怕有再好的天赋，只怕也经不起生命的磨砺。记住，命运始终把握在我们自己手中，哪怕生命转瞬即逝，我们也必须学会控制自己，才能在人生之中拥有更美好的前程和更远大的未来。

全力以赴地坚持，才能对得起自己

常言道，万事开头难，实际上真正难的不是开头，而是最后。很多事情，有了开头之后的发展总是带有一定的自发性，那就不是我们所能掌控的了。在这种情况下，我们固然要尽人力知天命，也要在艰难的时刻勇敢地坚持下去。这个世界上从未有一蹴而就的成功，也不会有天上掉馅饼的好事情。为此，我们要想活出独属于自己的精彩，要想不辜负自己，就要继续坚持下去，让生命绽放出异样的光彩。山重水复疑无路，柳暗花明又一村，有的时候我们明明已经非常努力，现实却总是不让我们如意。更多的时候，我们已经在坚持进取，绝不放弃，命运却还是在和我们开残酷的玩笑。任何时候，都不要辜负自己，面对残酷的命运之手，面对无奈的现实，我们一定要激发起内心的力量，才能全力以赴做到最好，才能对得起自己的理想和志向。

这个时代瞬息万变，发展神速。我们固然要跟随时代的脚步顺势而为，却也要把握合适的度。当一个人的心思过于灵活，就会失去坚守。当一个人的内心过于随风而变，就无法让根扎入泥土。为此在固执和灵活之间，我们要把握好合适的度，这样才能适度坚持，适度改变，每时每刻都对人生保持恰到好处的姿态。当然，这里所说的是通常情况下。如果情况特殊，如果某一件事情要求我们必须坚持，那么我们还要做的是，进行一次傻瓜式的坚持，哪怕被人说是固执，也决不放弃，而是继续努力向前，无所畏惧。

喜欢登山的人都知道，珠穆朗玛峰是举世闻名的最高峰，在每一个真正热爱登山者的心目中，珠穆朗玛峰是如同神迹一般的存在，那么高不可攀，又几乎每时每刻都在对人们发出召唤。很多登山者在征服珠穆朗玛峰的过程中，都失去了宝贵的生命，与神山融为一体。他们就这样消失在世界上，因为珠穆朗玛峰人迹罕至，所以他们甚至没有机会被人发现。即便如此，也还是有很多登山者前仆后继，他们在登山过程中遇到前辈的遗体，总是肃然起敬，总是充满敬畏。然后，他们继续无所畏惧地向前，征服这座高山。拒不完全统计，如今已经有几百人都葬身于珠穆朗玛峰的冰川之中。即使面对这个数据，也有无数登山者依然奋不顾身勇往直前，前仆后继往前进。不喜欢登山的人，觉得这样疯狂的行为是在拿着生命开玩笑，喜欢登山的人却知道，这是心中的执念，这是宁愿付出生命的代价也决不放弃的坚持。

面对人生，我们何尝不需要这样傻瓜式的登山精神呢？唯有不断地努力向前，无所畏惧地勇敢前进，也唯有这样即使付出巨大的代价也绝不屈服的精神，我们才能在短暂的生命中做出点儿什么，才能闹出点儿响动来让别人刮目相看。我们不是要当真正的傻瓜，我们只是要在想好很多事情之后，成为一个聪明的傻瓜，成为一个很清楚自己正在做什么的傻瓜。这才是最重要的。

人人都知道京剧大师梅兰芳在艺术上的极高造诣，却很少有人知道，出生在京剧世家的梅兰芳，小时候去学习京剧，被老师评价为“不适合唱京剧”。老师为何这么说呢？原来，梅兰芳从小就身体羸弱，而且眼睛近视。为此，他的眼神黯淡无光，眼皮下垂，每当有风吹过的时候，他总是爱流泪，看东西的时候眼神也很呆滞，眼珠子转动不灵活。要知道，从事京剧表演的人画着浓妆在舞台上，就需要身姿步态和眼神来传情达意，与观众交流。为此，老师才会断言梅兰芳不适合吃演员这碗饭。一个偶然的机会，梅兰芳听说养鸽子可以锻炼眼神，让眼神灵活敏锐，为此他当机立断开始养鸽子。

一开始，梅兰芳只饲养了几对鸽子，在对鸽子的生活习性等都有了深入了解之后，梅兰芳才开始大批量养鸽子。当然，要想用鸽子锻炼眼神，让鸽子飞得看不见影子是不行的。为了训练好鸽子，梅兰芳特意准备了一根长竹竿，并且在竹竿的一端系上红绸带。每次，他只要一挥红色绸带，鸽子就会起飞。等到需要鸽子降低高度的时候，他又会在竹竿上系绿色绸带。日久天长，鸽子很熟悉梅兰芳的指示，为此总是根据梅兰芳的指令行动。每天清晨，梅兰芳都早早起床侍弄鸽子，再把鸽子分批次放入天空中。他的眼睛总是跟着鸽子在转动，紧紧地盯着鸽子，随着鸽子在盘旋。他的眼珠也变得越来越生动灵活，而且眼神越发犀利。渐渐地，梅兰芳的眼皮不再下垂，而且见风流泪的毛病也好了。等到梅兰芳再去拜师的时候，老师简直大吃一惊，因为他眼前的梅兰芳眼睛神采奕奕，就像要说话一样。

后来，梅兰芳经过勤学苦练走上京剧的艺术舞台，他之所以能够得到戏迷们的喜爱，一则是他唱腔好，二则也是他的眼睛炯炯有神，甚至比语言更有力量。

如果梅兰芳在被老师断言不适合表演京剧的时候，轻易就放弃了自己的梦想，也没有通过养鸽子放鸽子的方式锻炼自己的眼神，那么他后来也就不可能成为京剧大师。正是因为对于梦想的执着和坚持，正是因为始终在坚持以喂养鸽子的方式锻炼自己的眼神，梅兰芳才会最终战胜自己的劣势，弥补自己的不足，从而在京剧表演的道路上走向巅峰。

人固然要有自知之明，也要有自信。一个人如果根本不相信自己，还能奢望得到谁的信任和托付呢？所谓不忘初心，方得始终。在人生的道路上，我们固然会受到外部很多人和事情的影响，却也要坚持笃定的内心，这样才能从容不迫活出自己最想要的精彩人生。

绝不放弃，你最终能看到结果

现实生活中，很多人未雨绸缪过度，都会犯杞人忧天的错误。他们为此把自己囚禁起来，不知道自己应该如何做才能做到更好，也担心自己在努力尝试的过程中会犯各种各样的错误，为此总是对自己感到非常忧愁和苦恼，也常常因此而故步自封，从来不敢冒险，更不敢做任何出格的事情。这样的人仿佛被装在套子里一样，这样的人生也总是裹足不前。其实，随着时间的流逝，事情不断向前推进，我们唯有不放弃，真正展开行动去做，才能知道结果。任何时候，你如果不能有的放矢面对人生，不能全力以赴做好该做的事情，就会失去转瞬即逝的好机会，也会因为内心的无奈而导致自己陷入更加困惑的局面。

在事情没有真正开始做之前，设想事情的结果，从而在心里做好准备和预期，这样万一最糟糕的结果发生，也就不会出人预料，无法接受，这固然是可取的。但是当我们沉浸在设想出来的糟糕结果中无法自拔，也不知道自己未来将会面对怎样的人生，这样的设想则常常使我们故步自封，什么都不敢去做，当然是很可怕的。一件事情，既有好的结果，也有坏的结果，而且好的结果和坏的结果出现的概率大体相当，都各占 50% 的可能。为此，我们不要疏忽任何结果，也不要因为任何结果可能出现就吓得自己彻底放弃。对于每一件事情来说，如果不曾亲身去做，就没有发言权，就不知道真正的结果将会是怎样的。为此，我们尽管要思虑周全，也要理性做出选择和判断，这样才能在利益面前进行合理适度的权衡，也才能在面对人生的过程中有更加充足的勇气，有更加无畏前行的决心和毅力。尤其是当很多事情都进行到关键时刻的时候，我们更是要全力以赴，努力奋进，才能不断坚持，获得长足的进步和持久的发展。

很多女性朋友都喜欢钻石，甚至有一些男性朋友也对钻石情有独钟，这是因为钻石的清澈澄净，也是因为钻石坚硬的质地。在这个世界上，有一块钻石堪称最大、最纯净，那么这样的钻石是如何诞生的呢？其实，这个钻石是由两个年轻人发现的。

年轻人索兰诺和伙伴一起去寻找钻石，他们找了整整几个月的时间，都没有任何收获。他们沿着河岸走啊走啊，不停地捡起石头，看一看，再扔掉。才几个月的时间过去，他们的腰背就累得弯曲了，他们的手掌心上都摸出了厚厚的老茧。索兰诺身心疲惫，一屁股坐在地上，对伙伴吼道：“我再也不捡钻石了，看看吧，我们已经捡起了无数颗石头，也许只要再捡起一颗石头，就有一百万颗石头了，我可不想一辈子都这么徒劳无功！”其实，伙伴也感到很疲惫，也觉得这样的日子没有希望，没有光亮。为此，伙伴漫无目的地从地上抓起一把石头，说：“那就再捡起一颗石头吧，凑成一百万颗，这样我们放弃也就无怨无悔了。”说着，伙伴从一把石头中拿出一块比较大的石头扔给索兰特，索兰特接过石头，感受到这颗鸡蛋大的石头重量不同寻常，异常沉重，为此忍不住对着石头仔细看了几眼。不看则已，一看忍不住吓了一大跳，对伙伴喊道：“天啊，这是一颗钻石，这真的是一颗钻石！简直太让人难以置信了！”最终，他们把这颗真正大如鸡蛋的钻石以 200 万美元的价格出售掉，而购买了这颗钻石的珠宝商，则为这颗钻石取名为“自由者”。

如果不是因为在要放弃的时候，索兰诺的伙伴又抓起了一把石头，并且把其中一颗最大的石头扔给索兰诺凑够一百万颗石头，那么这颗举世绝无仅有的钻石就不会被发现，也许还要在一堆石头里沉寂很多年呢！而索兰诺和他的伙伴，也就无法因为这颗钻石而彻底地改变命运。很多时候，成功就在转角处，我们一定要有足够的耐心，才能坚持到最后成功到来，也才能如愿以偿收获更多，让人生充实精彩。

成功者从来都是不会放弃的人，为此他们才能在各种艰难的困境中坚持到最后，也才能有的放矢面对人生。失败者总是轻易放弃，也无法承担起生命的重任，为此常常会导致失败，而且会与失败纠缠不休。当你狠下心去坚持，你就会守得云开见月明，就能得到人生柳暗花明的时刻。任何人都不可能生而成功，而是要在不断努力和奋斗进取的过程中，战胜各种困难，也要在觉得自己非常艰难，无法维持和进行下去的时候，依然坚持，直到获得成功。人生在世，谁能没有压力呢？正如人们常说的，人无压力轻飘飘，只有在有压力的情况下，我们才能战胜压力，也才能一往无前、勇敢无畏地向前冲。

从本质上而言，苦难是人生的一所学校，只有真正战胜苦难，只有让自己的人生披荆斩棘、乘风破浪勇往直前，我们才会变得更加强大，也才会成为人生真正的强者。记住，生命没有重来的机会，我们一定要珍惜唯一的一次生命，绽放自己的精彩人生！

第05章

实力是成功的资本，优秀赋予你选择的权力

我们发现，生活中，在我们周围，那些成功者之所以成功，是因为他们比常人更为优秀、更具实力。也就是说，我们想要成功，首先就要让自己变得优秀起来，优秀的行为习惯将是我们终生的财富。因此，短时间暂时的痛苦，又算得了什么？因此，我们每个人都应该对自己狠一点，蜕变成优秀的人，一旦你变成一个实力派，成功也就指日可待了。

提升和完善自己，最大限度激发出生命的本能

古人云，千里马常有，而伯乐不常有。由此可见，即使作为一匹千里马，要想得到伯乐的赏识，也没有那么容易。在以前，人们常说酒香不怕巷子深，那么在现代社会各行各业竞争如此激烈，而且人才济济的情况下，酒香也怕巷子深，是金子也有可能被埋没。为此，我们就要更加激励自己努力前行，也要学会推销和展示自己，才能拥有更好的成长和发展。

其实，对于每个人来说，最重要的就是要提升和完善自己，这样才能最大限度激发出生命的本能，也才能呈现出最精彩的自己。然而，遗憾的是，有很多人在面对人生的困境时，常常不知道如何呈现出自己最佳的状态，而且他们也缺乏推销自己的意识。实际上，有很多从事销售行业的精英都知道，一个人要想成功地销售商品，就一定要先把自己推销出去。反过来说，一个人如果无法把自己推销出去，那么他们也就绝不能成功地销售商品。从这个角度而言，现代社会的每一个人如果不想默默无闻、碌碌无为，就要学会推销自己，也要学会成就和完善自己。

不可否认，在现实生活中，的确有很多人因为幸运地遇到生命中的贵人，遇到伯乐，所以人生发展非常好。甚至有些才华并不那么突出的人，也因为得到了贵人的赏识，得到了更加合适的人生舞台，而表现出自己的强大和精彩。但是，如果你没有这样的幸运遇到伯乐呢？难道就此自甘平庸，沉沦下去吗？当然不是。对于人生的不如意，你一定要更加积极主动，这样才能主宰和掌控命运，才能主动出击，证明自己的实力。

战国时期，秦军对赵国展开进攻，把赵国的都城邯郸如同箍铁桶一样团围困住。赵王心惊胆战，生怕遭遇亡国之灾，为此他当即决定要派人去游说楚王，从而让楚王答应派兵解除赵国的危机。思来想去，赵王决定派出平原君去游说楚王。平原居深知自己这次的游说任务非常艰巨，而且关系到赵国的生死存亡，为此他决定从门客中挑选出二十个人来，带着一起去楚国，为自己游说楚王出谋划策。然而，平原君在门客中精心挑选，最终只选出十九个人来，无论如何也选不出第二十个人。这个时候，平原君门下一个叫毛遂的人主动推荐自己："我叫毛遂，想跟随您一起前往楚国。"对于毛遂，平原君毫无印象，为此他问毛遂："你在我门下有多久了？"毛遂回答："三年。"平原君说："三年，时间不短了，如果你有特别的才华，就像钉子在布袋子里一样，早就已经钻出袋子被我看到。但是你三年来始终默默无闻，我觉得你也许没有这样的才华跟随我出使楚国吧！”听到平原君这么说，毛遂并不懊恼，而是充满自信的说：“一个钉子如果不在布袋子里，自然是不会钻破布袋子的，只有当钉子在布袋子里的时候，才会钻破布袋子。您只要把我装入布袋子，我就会脱颖而出。”看到毛遂气定神闲，说起话来头头是道、不卑不亢，平原君决定让毛遂跟着他一起出使楚国。

到了楚国，尽管平原君费劲唇舌给楚王分析天下的形势，但是楚王就是不愿意出兵援助赵国。他们从清晨谈到中午，始终毫无结果，为此门客们急得团团转，谁也没有好办法可以助平原君一臂之力。这个时候，毛遂不顾门外士兵的阻拦仗剑走入宫殿，径直走到楚王面前，对楚王说：“楚国和赵国联合起来才是正道，对于这么毫无悬念的事情为何谈了这么久，都没有结果呢？”楚王看到毛遂很不高兴，质问平原君：“他是谁？”平原君向楚王介绍了毛遂，楚王不屑一顾对平原君说：“这里还没有你说话的份呢！”毛遂突然拔剑出鞘，走到楚王身边，对楚王说：“大王，我现在就站在您的身边，即使您有再多的侍卫，也无法阻止我杀死您。你的性命完全握在我的手中，您还有什么可以叫嚣的呢？”楚王意识到自己的性命岌岌可危，再也不敢呵斥毛遂。这个时候，毛遂慷慨陈词，诉说大义：“楚国实力强大，完全有力量和秦国对抗，如今却故步自封，看到秦国就很害怕，这简直是一种耻辱，我们赵国人都替你们害臊。如今，我们想要和你们联合起来对抗秦国，尽管是帮助赵国解除围困，实际上你们也正好借此机会一雪前耻，我们里应外合，彼此扶持，才能得到更大的胜算。你们却总是推三阻四，难道就不为自己的胆怯而羞愧吗？”楚王被毛遂一番教训，意识到问题的所在，又看到毛遂目露凶光，生怕毛遂冲动之下夺取他的性命，因而当即答应和赵国联合起来对抗秦国。这次游说，平原君意识到毛遂果然是不可多得的人才，不但回到赵国之后向赵王为毛遂邀功，而且从此之后重用毛遂。

毛遂说得很有道理，一个人如果从来不想把自己装入布袋子里，就不可能有出类拔萃的表现。只有把自己放入布袋子里，才有可能崭露头角，有出类拔萃的表现。日常生活中，每个人也都要这样对待和要求自己，主动推销自己，才能让自己进入他人的视野和眼帘，也才能更好地表现自己，从而为自己争取到机会。

记住，任何时候都不要被动地等待，与其被动地等待别人来发现自己，还不如主动地展示和推销自己，这样才能抓住每一个转瞬即逝的好机会，也才能成功地发挥自己的潜能，从而让人生表现得更加精彩辉煌，实现梦想，获得成功。

戒骄戒躁，脚踏实地地积极进取

常言道，静水流深。很多时候，看起来奔腾喧嚣的水面下也许只是清浅的河底，而看起来非常平静的水面下反而隐藏着深不见底的深渊。人生也是如此，不要喧嚣于外，而是应该沉静下来，做好自己该做的事情。现代社会的很多年轻人，总是浮躁有余，沉静不足。他们刚刚大学毕业，就想过上退休的生活，一方面不想付出努力，另一方面又想获得很高的薪水和很好的福利待遇，导致在找工作的时候只想怎么安逸怎么来，却从未想过年轻是用来拼搏和努力的资本。相反，他们把年轻视为贪图享受和不努力的资本，从而自诩年轻就无限拖延，该做的事情也不去做，而是说自己有很多的机会。不得不说，这样的行为表现完全是错误的。

人生，就应该静水流深，才能戒骄戒躁，更加沉下心来去做很多事情。只有平静如镜的水面，才能倒映出月亮的影像，也只有平静的心，才能接受外界的全部信息，也才能保持良好的心态，拥有充实的人生。遗憾的是，如今整个社会都处于喧嚣的状态之中，很少有人能够真正沉下心来，感受生命的喜乐。绝大多数人对于人生都在无休止地抱怨，他们希望在人生之中收获更多，也渴望着从人生的理想状态中摆脱出来，获得更加伟大的未来。不得不说，空想从来不能成就人生，只有脚踏实地地去想，坚持点点滴滴地做，才能在人生的状态之中拥有更大的进步和更多美好的、值得期许的未来。

从心理学的角度而言，浮躁的心态对于人生有百害而无一利。一个浮躁的人，很容易犯好高骛远、眼高手低的毛病。他们总是爱慕虚荣，时时处处都想和别人比较，却不能真正努力去做，拉近自己与他人之间的差距。他们总是争强好胜，却又把获得胜利的希望寄托在他人身上，而放纵自己去当一个只动口不动手的人。不得不说，这样的好逸恶劳、眼高手低，是人生进步的大敌。

小张已经调动到南京工作五六年了，最近，他和爱人刘红终于把在南京买房安家的事情提上日程。然而，小张在电信局工作，是拿死工资的，为此当刘红提出买一套 110 平米的大房子时，小张怎么也不同意，觉得这样会影响未来的生活，因为刘红自从结婚就不愿意去工作，始终在家里当全职主妇。但是，对于小张提出买 90 平米的小三居，刘红又不愿意。因为他们目前住的房子就是 100 平米的，如果卖掉这套房子换一套 90 平米的房子，刘红认为自己这辈子就只能蜗居在 90 平米的房子里。最重要的，90 平米的房子是中间户全朝南的，110 平米的房子是南北通透的。为此，小张和刘红针对买多大的房子产生分歧，谁也不愿意妥协。原本已经说好交钱去订购房子，最终他们却因为怄气而错过了机会。才几个月过去，房价就涨了几十万，刘红一生气，索性拿着卖掉市区房子的钱回到老家的小县城购买了100平米的房子。而小张呢，继续每个周末往返七八百公里，在家和单位之间奔波。

对于刘红买房子的事情，刘娜作为刘红的亲姐姐，也有自己的理解："刘红就是不愿意出去上班，还非要买大房子享受，南京房子那么贵，哪里是想买大的就能买得了的呢！"对于刘红的表现，听得出来，刘娜也是很不满意的。

不得不说，刘红是典型的眼高手低，虽然自己一直当全职家庭主妇从不挣钱，但是对于买房住房，她却总是有过高的要求，所以才导致与小张发生分歧，最终不管是90平米的房子还是110平米的房子都没有买成，夫妻两地分居的现状非但没有解决，反而变得更加严重，因为刘红负气卖掉市区的房子之后，回到家乡的小县城购买了一套房子，导致小张回家的路更加遥远。

实际上，生活中有很多不如意的事情，我们一定要学会妥协，才能最大限度解决问题。当然，从心理的角度而言，每个人都希望能够圆满解决问题，却不知道有的时候，圆满不是想一想就能做到的，而是要更加辛苦和努力才能更加接近于圆满。任何时候，都不要对于成功有过高的期望，因为过高的期望会使人变得沮丧，要根据自身的能力设定一个努力之后有可能实现的目标，才能对于自己起到切实的激励作用。

记住，生命中固然有奇迹发生，奇迹却从来不是从天而降的，就连机会也总是为有所准备的人准备的。那么从现在开始，就要脚踏实地地努力进取，让自己随时保持最佳的状态，才能确立更高的目标。从容的人生自有从容的美，在遇到很多情况的时候都能做到气定神闲，镇定自若，也才能最大限度激发自身的力量，成就自我。

积累实力，终会心想事成

面对机会，你是选择抓住机会，还是眼睁睁地看着机会悄然溜走？如果这样理性地去选择，相信每一个人都会选择抓住机会，用机会改变人生，扭转人生的命运。遗憾的是，在现实生活中，很多人明知道如果不努力，不做好准备，就会导致机会悄然溜走，但是他们却依然会在现实中迷失，为了短暂的享受，而总是放松和懈怠，不愿意当机立断展开行动，做好准备，抓住机会。正是在这样的过程中，机会才会越来越远去，也才会在我们的生命历程中变得更加遥远。

现实生活中，很多人，尤其是年轻人，都有着不切实际的自信，甚至还会骄傲自满。他们在拿着大学文凭走出校园的那一刻，简直觉得自己是天之骄子。然而在不断找工作的过程中，他们渐渐地迷失，在接连碰壁之后，他们开始怀疑自己是否适应这个社会。不得不说，有些孩子的心理承受能力很差，他们在没有如愿以偿地证明自己的实力，也没有得到梦想中的工作之后，甚至因为对生活和未来失望，而选择结束生命。然而，不如意是人生的常态，一个人如果没有能力从容地应对人生，他们最终会被这个社会淘汰。为此，年轻人不但要增强心理承受能力，而且要非常努力奋进，让实力为自己代言，这样才能在追求梦想的过程中变得越来越坚定，也才能在始终坚持之后，获得人生更美好的姿态和更丰厚的收获。

美国好莱坞大片《当幸福来敲门》中，男主角曾经穷困潦倒，带着孩子住过收容所，住过厕所，甚至常常食不果腹。但是，他的心中始终充满希望，即使生活困窘，他也未曾在孩子面前愁眉苦脸，更没有当着孩子的面放弃努力。他总是很乐观，鼓励自己，也鼓励孩子，在人生的道路上不断地努力，坚持进步，最终成功地改变了命运，获得了幸福。这样的精神，正是值得我们学习的，也是值得我们每一个人在生命历程中始终坚持的。只要有实力，我们就可以把梦想变成现实，只要有实力，我们就可以在实现梦想的道路上始终坚持，直到幸福来敲门。

1928 年的初冬时节，他出生在美国的一个贫民窟里。尽管生存的环境很恶劣，家庭的经济情况也总是很窘迫，但是这一切都没有影响他对生活的梦想。从年幼时期，他就梦想着自己可以改变生活，成为伟大的企业家，创造财富。父母没有更多的钱供养他读书，为此他从十岁就辍学回家，开始卖报纸，帮助父母分担养家糊口的重任。此后的十年时间里，他做过各种各样的工作，也深刻认识到生活的残酷。到了二十岁，他改变了自己的梦想，因为他觉得自己不可能成为伟大的企业家，他变得更加务实，觉得自己只要能开一家小店铺，养活自己和家人，就是很好的。然而，命运似乎在和他开玩笑，他从二十岁开始就在不断地折腾，想要扭转命运，但是生命中又一个宝贵的十年过去，他非但没有成功，就连小店铺也没有，甚至还因为做生意失败而背负了沉重的债务，连养活家人都做不到。他变得更加务实，那些伟大的梦想距离他越来越远，他四处找工作，想要赚取微薄的薪水来养活自己和家人。

但是，他十岁就辍学，没有学历，最重要的是他说话的时候还结结巴巴，从事很多工作都受到限制。他苦闷极了，常常在找工作未果的时候去公园里的长椅上坐着，接二连三地抽着劣质香烟，根本不在乎自己的肺能不能够忍受得了。有一天，他百无聊赖，在公园里见到一张报纸。他捡起报纸，原本想从报纸上找到招聘信息去试一试，后来却在报纸的中缝里看到一则豆腐块一样的信息，这则信息里写道：在这个世界上，跳蚤是最善于跳高的动物，它的跳跃高度超出身体千百倍，可以轻而易举从玻璃杯里跳出来。但是它们却不够聪明，当科学家用玻璃盖盖在玻璃瓶上，它们被玻璃瓶盖挡着，受到限制，此后哪怕科学家拿掉玻璃瓶盖，跳蚤也无法再从敞口的玻璃瓶里跳出来。

看到这则信息，他茅塞顿开，觉得自己就和跳蚤一样，无形中就限制和禁锢了自己。为此，他完全放下自己曾经的失败，而是努力追求更高的人生高度。他挑战自己，去当了一名汽车销售员，而且在上班的第一天，他就让妻子在他的所有衣服上都用线绣上“1”。如今，他衣服上的“1”已经变成了金线的刺绣，这是因为他成功了，他从一个口吃、自卑胆怯的人，变成了世界上最伟大的销售大师。他就是乔·吉拉德，至今为止，依然没有人打破他的销售纪录，因为他在1963年到1978年的时间里，总计销售出去13001辆雪佛兰汽车。在《吉尼斯世界记录大全》上，至今依然只有他一个人，在十二年的时间里就荣登销售世界第一的宝座。他到底是如何做到的呢？是因为他打破了那个无形的局限，成就了更为伟大的自己，他用实力证明了自己的能力，也用实力代言了自己的人生！

科学家经过研究证实，每个人都有无穷的潜能，这潜能就像是沉睡的宝藏，始终隐藏在人们的内心深处。而即使是最为伟大的科学家，也只是发挥了十分之一的能力。为此，不要再让潜能如同一头睡狮一般在我们的身体里沉睡，而是要激发潜能，让潜能帮助我们创造生命的奇迹，帮助我们营造美好的未来。唯有如此，我们的人生才会卓尔不凡，我们的未来才会精彩可期！

有人说，人生是一场旅程，那么在旅程的过程中，我们既会走过平坦的地方，也会走过坎坷的地方，既会走过低谷，也会到达山峰。站得高，才能看得更远，人生也才会有更加开阔的境遇和辽阔的天地。我们要做的就是在人生的道路上一往无前地前进，就是在人生的未来始终努力向前，无所畏惧。努力地攀登人生的巅峰吧，你会惊喜地看到不一样的风景，也会惊喜地发现人生的崭新际遇！

只有优秀，才能让你脱颖而出

面对鹤立鸡群这个成语，人人都希望自己是高挑的仙鹤，而其他人则是矮小的鸡仔，这样自己才能从众多鸡仔中脱颖而出，以他人的不够优秀来衬托自己的非常优秀。实际上，每个人都是世界上与众不同的个体，既不要妄自菲薄，也不要自高自大。常言道，没有比较就没有伤害，尤其不要用他人来衬托自己的优秀。真正自信的人，哪怕没有他人的衬托，也能凭着自身的优秀而出类拔萃。现代社会，随着时代的发展，人心越来越浮躁，巨大的生活和工作压力让很多人都不知所措，甚至不知道怎样才能把控和主宰人生。面对这样尴尬的境遇，我们一定要变得更加优秀，才能让自己从容迎接挑战，也才能在竞争中脱颖而出，通过不断地历练自己，而让自己变得更优秀，更出类拔萃，最终在众多人中脱颖而出。这样一来，还愁找不到存在感吗？记住，优秀永远是你获得存在感的保证，永远是你面对人生从容自若的资本。

人为何要有梦想呢，有人说梦想是人生的引航灯，有人说梦想是希望之光的所在。实际上，梦想能够给人提供力量，能够让人在感到人生枯燥乏味、百无聊赖之际，给人生更多可以寄托的所在。一个人唯有在梦想的指引下，才能排除万难，战胜人生的坎坷磨难，才能拼尽全力成就自我，提升和完善自我，从而让自己更具有存在的价值，也吸引更多人的关注。正如人们常说的，雁过留痕，人过留声，每个人在人生之中都必须发奋努力，才能最大限度激发自身的潜能，也留下好名声。

如今，很多人都提倡极简生活，意思是告诉每个人不要贪婪，而要降低自身的欲望，从而更加回归本心。然而，凡事皆有度，过犹不及，如果因为追求生活极简，而完全否定自己的所有欲望，使自己在人生中不知所措，不知道怎样才能收获更多，那么无疑是虚度人生。从本质上而言，寻找存在感，证明自身的价值，和追求极简生活并不矛盾。而优秀则是一个人存在的标志，也是一个人不可抹杀的价值所在。

大学毕业后，因为学历不过硬，也并非毕业于名牌院校，周娅找了很长时间的工作，才机缘巧合进入一家大企业。看到周娅有了好去处，有些同学很羡慕，而有些同学则为周娅担忧。因为周娅并非毕业于名牌院校，而且也没有独特的能力，所以同学们担心她进入大公司之后反而无法适应，也许很快就会被淘汰。对于自己的现状，周娅当然也心知肚明，为此她没有盲目乐观，而是意识到进入这家大公司工作，对她而言也许恰恰是更大的挑战，也必须付出百倍的努力才能跟得上趟。

成为光鲜亮丽的白领后，周娅不但每天都要做好本职工作，而且还要抽出时间来努力提升和完善自己。为了提升英语水平，她利用业余时间报名参加了英语培训班，除了周末要上课之外，周一和周三的晚上也要学习。一年之后，周娅的英语水平有了很大的提高，人也瘦了一圈。同学聚会时，同学们不以为然劝说周娅：“可以啦，你现在英语水平已经提高了，不用再那么辛苦了。”周娅却说：“接下来，我准备学习商务英语，毕竟我不可能永远当小职员啊，万一哪天我得到晋升的机会，也好为自己加分。”同学们纷纷摇头，从毕业就与学习彻底绝缘的他们，实在不知道周娅为何这么拼尽全力呢！

几年之后，周娅的工作经验越来越丰富。有一个加班的周末，一个中年人拿着笔记本来到周娅公司里找了张桌子坐下来开始上网，周娅原本以为是不相干的人，又因为当时办公室里很空旷，所以就任由那个人坐着。正当此时，有个国外的客户打来电话询问业务方面的问题，周娅以一口熟练的商务英语和客户交流，那个中年人情不自禁被周娅吸引，抬起头来注视着周娅。等到周娅挂断电话，中年人说：“姑娘，你一定是学习对外贸易专业的吧，英语说得这么好！”周娅简单讲述了自己的学习经历，中年人连连点头，表示赞许。没过多久，周娅突然被调到公司的贸易部门工作，不由得受宠若惊。直到去贸易部门报道后，周娅才听说部门主管说是老板钦点她来贸易部门的。周娅不由得恍然大悟：原来，几个月前邂逅的那个中年男人，就是公司里最神秘的、神龙见首不见尾的老板呀！

如果周娅不曾在侥幸进入这家大公司之后坚持学习英语，

又学习了商务英语，她就根本没有机会博得老板的赏识和认可。现代社会，很多年轻人都抱怨自己生不逢时，也遇不到伯乐，却从未想过自己之所以命运不济，并非是真的没有好运气，而只是因为不够努力，准备得不充分，所以不能随时抓住机会而已。

记住，每个人都是世界上独一无二的存在，每个人都必须深刻认识到自身的价值，才能最大限度发掘自身潜力，让自己变得更优秀。当一个人木秀于林时，没有任何人能够对他视若无睹，因为他优秀的光芒会在每个人眼中闪耀，他的荣耀，也会让任何人都对他刮目相看。

只管努力，时光终会将你雕琢成玉

常言道，世界上最怕认真二字，这是因为面对认真的人，哪怕是再高的山也会被翻越，哪怕是再大的困难最终也会被征服。尤其是在梦想的指引下，人们不遗余力去做，则任何阻碍都会被踩在脚底，任何成功都会触手可及。在有了梦想之后，如果我们能够当机立断朝着梦想迈进，那么就会发现曾经让我们为难的一切，都如履平地。在我们坚定不移的决心和信念面前，它们变得不堪一击，无比虚弱。实际上，并非是那些困难和阻碍变小了，而是我们的决心变大了，所以把它们衬托得更小而已。除了这个绝妙之处外，变大了的决心还能悄然拉近我们与梦想之间的距离，让我们轻轻松松就能实现梦想，也让我们在追求梦想的过程中事半功倍，效率倍增。

人生总是无常的，在明天还没有真正到来之前，我们不能确定明天是会变得更好，还是变得更坏。很有可能，我们一夜之间就成名或者发财了，也很有可能只经过一个夜晚，我们就身败名裂，失去曾经拥有的一切。看到这里，相信很多朋友都会感到担忧：难道人生从此之后就会成为大海中颠簸的小舟，再也不能由自己主宰和操控了吗？当然不是。这样不能确定的状态，实际上也在人们的把握之中，当人心是坚定不移的，是朝着某个方向不断努力的，那么人生就不会使人过分失望。退一万步而言，当该做的都做了，即使命运多舛，也无可抱怨，无怨无悔。

对于大多数人而言，不要因为畏惧失败而心生恐惧，更不要因为明天还没有到来，不知道明天将会如何，就连今天也放弃了。正如人们常说的，努力未必有收获，但是不努力一定毫无收获。从这个角度来说，我们真的应该相信那些心灵鸡汤所说的，只管努力，而把一切交给命运去安排，交给时光去雕琢。

还有些人自认为是在做喜欢的事情，因而更在乎过程，而不奢求结果。这样淡然的心态固然是值得提倡的，但是结果却未必真的会如愿以偿地云淡风轻。所谓近情情怯，也许在一无所有的时候，人们能够做到什么都不在乎，但是在拥有更多时，心中也便有了牵挂和在乎的东西，自然变得紧张而又恐惧，甚至不知道如何才能做到最好。实际上，从生命本源去追溯，每个人来到这个世界上之初，就是赤条条无牵无挂的。等到生命结束离开人世之时，又是一无所有的。既然人注定了是生命的过客，对于身外之物生不带来、死不带去，那么还有什么必要逼迫自己想不开也放不下，得不到也求不来呢！不管在人生之中感受到什么、收获了什么，人生都是赚的，也不管是快乐还是幸福，其实都是人生最美好的滋味。

在真正展开实际行动去做一件事情时，千万不要还没有开始做，就过度未雨绸缪，导致自己杞人忧天。很多事情未必会朝着你所期望的好的方向去发展，也未必会朝着你所担忧的坏的方向去发展。正如伟大的成功学大师卡耐基所说，人生中的很多忧虑其实毫无意义和价值。曾经有心理学家专门针对忧虑展开过一项研究，他让实验对象把忧虑写在纸上交给他，等到一段时间之后，他再把曾经写满忧虑的纸发给实验对象看。结果，只有极少数人所担忧的事情真的发生了，但是结果也并不像他们想象的那么糟糕。大多数实验对象都惊喜地发现，自己担忧的事情并没有发生，这也就意味着他们曾经的忧虑都是毫无意义的，都是杞人忧天的。所以说，朋友们，人生原本短暂，每个人都理应笑着度过生命中值得珍惜的每一天，而不要总是愁眉苦脸。既然如此，我们也应该尽情地享受人生，很多事情不管你是否担忧，该来的总会来，而我们也不应该自寻烦恼。

当你放下心中的忧虑，意识到自己只需要坚持不懈地努力，而不要总是急功近利，迫切渴望达到某种结果，那么就能够做到心中释然，原本沉甸甸压在心里的压力也会悄然消失。与此相反，如果一个人的内心总是充满忧虑，充满消极的负能量，那么也许会导致事与愿违，甚至连原本可以争取到的好结果都消失不见了。记住，你只管努力，命运自有安排！当你忘记自己迫切想要收获的初心，而让努力持续下去，你的人生一定会变得截然不同，也会给你意外的惊喜！

全力以赴，做最出色的自己

现实生活中，很多人都渴望自己能够在人生之中有更精彩的呈现，也收获更多的充实与美好，遗憾的是，大多数人都无法实现这个愿望，因为他们在生命的历程中总是有所保留，无法做最好的自己。每个人固然都有生命的潜能，最重要的是把这份潜能激发出来，才能让人生有更精彩的呈现。否则，如果一个人总是因为各种各样的原因而怯懦，则面对生活的艰难困苦时，往往会情不自禁地退缩，也就距离优秀出色的自己越来越远。

常言道，三百六十行，行行出状元。这告诉我们行业并没有高低贵贱之分，要想让自己出彩，我们必须以正确的态度面对工作，也要以积极的态度经营好人生，这样我们的未来才会更加精彩绝伦，也才会有更出类拔萃的呈现。当然，一个人如果发自内心瞧不上自己，或者把自己的工作看扁了，那么就会导致自己陷入困境，也会因此而束缚自身的发展，导致自己陷入人生的黑洞之中无法自拔。总而言之，做最出色的自己，才能够以不变应付万变面对这个变化复杂的世界，才能让自己在生命历程中更快速地成长和成熟起来。

因为受到金融危机的影响，找工作变得非常困难。为此，小雅大学毕业后，和好朋友琳娜一起找了好几个月的工作，都没有收获。有一天，她们路过一家大酒店，发现酒店的玻璃幕墙上正张贴着招聘的广告，小雅和琳娜彼此对视，小雅说：“既然暂时找不到更合适的工作，我们为何不去酒店里试一试呢？”琳娜也点点头，表示认可。

琳娜和小雅一起进入酒店面试，虽然她们的专业不是酒店管理，但是看到琳娜和小雅的综合素质很高，表现也很好，负责人还是决定给她们机会尝试。不过，酒店里目前只需要一个前台服务人员，还需要一个清洁人员，进入后勤部工作。原本，负责人想让形象气质更好的小雅在前台工作，琳娜不想去后勤部门，更不要每天打扫客房。眼看着问题无法解决，琳娜说："既然这样，我就再去找其他工作，就让小雅留在这里吧！"小雅当然那不想让琳娜继续找工作，为此主动提出："领导，让我去后勤部门工作吧，我愿意打扫客房。"看着小雅和琳娜关系这么好，感情这么深厚，领导也没有其他的话好说，为此只好同意。就这样，琳娜如愿以偿留在前台，而小雅则去了后勤部门，每天负责打扫客房。虽然打扫客房是一份脏活累活，但是小雅却做得很认真。她总是把每一间客房都打扫得和新的一样，就连马桶都擦得锃亮锃亮的，光洁如新。很快，小雅就得到了同事们的一致好评，那些曾经在酒店里住过的人，也给小雅写来表扬信。后来，小雅因为工作上的出色表现，被提升为后勤部的主管，她也把自己的认真用心教给每一个同事，并且把后勤部做得越来越好。

几年之后，小雅还升任大堂经理，成为了琳娜的顶头上司。琳娜呢，因为前台的工作相对清闲，她总是当一天和尚撞一天钟，虽然把工作完成得很好，却没有特别出彩的地方，也就一直是个前台。

在这个事例中，小雅和琳娜都想做前台，这是因为酒店前台的工作更加清闲，而后勤部的工作则很累，也因为总是需要打扫卫生而显得比较脏。为了把前台的工作让给琳娜，小雅主动提出让琳娜当前台文秘，而自己则进入后勤部门工作。按理来说，前台工作是见人多的，做的是“表面工作”，而后勤工作则是做在人后的，做的是背后的工作。但是，小雅凭着自己的优秀和出色，把一份普通寻常的工作做得出彩，为此才能得到很多人的好评，也才能成为后勤部主管，成为大堂经理。可想而知，凭着这样拼搏进取，让自己非常优秀和出类拔萃的精神，小雅后来一定会做得更好。

据说在日本，最优秀的酒店客服人员清理过酒店之后，甚至能够舀起马桶里的水喝下去。普通人想想这件事情就会觉得匪夷所思，然而，日本最优秀的客服人员就是按照这个标准来打扫酒店卫生的。其实，很多事情不是不可能，而是我们发自内心就觉得自己做不到，为此也就疏忽和懈怠了。作为一个努力进取的人，不管走到哪里，都会激发自己的潜能，让自己做到最好。

还记得那首诗吗？“大雪压青松，青松挺且直。要知松高洁，待到雪化时。”青松有高洁的品质，是因为青松能够耐得住严寒，依然保持青翠，是因为青松有着坚强的脊梁，不愿意屈服。对于每个人而言也是如此，人生中虽然有着各种各样的坎坷和磨难，最重要的在于我们一定要有的放矢面对人生，也要坚持人生的原则和底线，更要竭尽全力把自己做到最好，这样才能全力以赴成为最出色的自己。

第06章

突破自我的极限，你会见到最喜欢的明天

生活中，我们常听到这样一句话，无规矩不成方圆，实际上，我们的人生的确需要约束，这样才能有序，但是与此同时我们的人生也需要打破那些束缚我们的枷锁，才能更加精彩出色。的确，很多时候，我们并非被客观世界的规矩限制住，而是被我们内心的规矩禁锢了。我们只有突破自己的内心，打开心中的枷锁，才能自由地按照自己的规则行走在人生路上，也从而开创属于自己的、与众不同的人生。

战胜困境，塑造更强大的自己

在生活中，总有一些磨难，让我们恍惚觉得自己陷入了人生的绝境，实际上，天无绝人之路，这只是我们在无奈与绝望状态下产生的错觉而已。常言道，人生不如意十之八九，对于大多数人而言，人生的不如意都是常态，而顺心如意只是暂时才会出现的状态。既然无法改变命运，我们就只能调整好心态，坦然迎接命运赐予的一切。正如人们常说的，心若改变，世界也随之改变，我们只有改变态度，积极地面对一切，才能够鼓起信心和勇气战胜所有的坎坷与挫折。

大文豪巴尔扎克曾经说过，每个人面对挫折的态度，决定了他们将会拥有怎样的人生，因为弱者把挫折视为绊脚石，甚至因此而停止人生前进的脚步，而强者却把挫折视为垫脚石，踩着挫折继续勇敢向上攀登，从而站得更高，看得更远，也让人生进入更加开阔的天地之中。

心理学家说，大多数人的先天条件都相差无几，而那些成功者之所以成功，是因为他们战胜了太多的困境，也在此过程中不断地提升和强大自己。因此，他们才能成为生活的强者，也才能真正地主宰和驾驭人生。

大学毕业后，雅丽就进入一家化妆品公司，她的职位是推销员，基础薪水只有一千块，其实是公司给推销员的车马费，而作为推销员，主要靠着卖出化妆品的提成赚取更多的薪水。对于初来乍到大城市、人生地不熟的雅丽而言，推销工作无疑非常困难。一开始，她根本不认识路，也不知道如何坐公交车，所以常常需要拿着地图四处奔波，去找人多的地方进行推销。

接连干了两个月，雅丽把自己从老家带来的盘缠都花光了，却没有卖出去任何一套化妆品，为此她非常懊丧，也很绝望。一天路过一家饭馆，看到饭馆上赫然贴着招聘服务员的信息，还管吃管住呢，雅丽不由得怦然心动。然而想一想自己这两个月来东奔西跑的辛苦，她又迟疑了：就这样放弃，前面的辛苦不都白费了吗？雅丽决定继续干下去，至少再给自己一个月的时间。顶着炎炎烈日，雅丽拎着化妆品又去了已经去过好几次的写字楼，这次，她还用心地给写字楼里的顾客带来了冷饮。有个女孩看到雅丽来了，非常欣喜："哎呀，上次忘记留下你的电话了，我试用了你送的小样，真的非常好。"女孩和雅丽订购了一整套的化妆品，其他女同事看到了也纷纷来找雅丽索要小样。这次，雅丽没有忘记留下联系电话。后来一个月的时间里，她重点拜访那些留过小样的客户，居然成功地销售出去几十套化妆品。雅丽的心中燃起希望，后来，她的销售业绩越来越好，她索性代理了这个品牌的化妆品，开了一家专卖店。如今的雅丽已然成为不折不扣的老板，在大城市已经买了房子、车子，也组建了幸福美满的家庭。

如果雅丽当初被打倒，放弃了继续从事销售行业，那么她也许迄今为止还在饭馆里端盘子呢，或者开一个小吃摊也说不定。幸好雅丽咬牙坚持下来，所以才能获得销售的业绩，也成功地当上老板。没有人知道人生的转折点会出现在哪里，最重要的是，在到达成功的转角之前，一定不要轻易放弃。

每个人想要获得成功，就必须付出持久的努力，而且在想要流泪的时候，仰起头，把眼泪流入心底。这样一来，片刻之后，你还可以绽放绚烂的笑容面对这个世界，也可以真正地昂首挺胸做好自己。记住，困难像弹簧，你强它就弱，你弱它就强。所以如果不想被困难打倒，就从此刻开始以顽强的态度战胜困难，执着前行吧！

突破自我设限，不断超越自己

心理学家曾经用跳蚤进行过实验，发现原本可以轻松地跳出玻璃瓶口的跳蚤，在被玻璃瓶口的透明玻璃盖板挡住之后，即使拿掉盖板，也无法再跳出玻璃瓶口。这就意味着，跳蚤对自己进行了限制，导致自己无法再达到可以达到的高度。其实，现实生活中，也有很多人都在过着这样的跳蚤人生，他们总是在不知不觉间限定自己，因而再想突破和超越自己就会变得很难。正如一位名人所说的，每个人最大的敌人就是自己，就是因为每个人都会无形中限定自己，导致自己陷入生活的困境之中无法自拔。为此，明智的人会时刻注意突破和超越自己，从而才能主宰和成就自己。

不可否认，在人生的道路上，每个人都会遭遇坎坷与挫折，真正自始至终都很顺遂如意的人生是根本不存在的。为此，要想更好地生存在这个世界上，我们就必须站得高看得远，就必须拥有开阔的眼界，才能突破和成就自我。记住，天无绝人之路，一个人虽然不会永远顺遂如意，但是也不会始终都陷入困境和绝境之中。只要内心充满希望，坚持不放弃，就最终能够在人生道路上守候到柳暗花明又一村。

遗憾的是，在现实生活中，太多人一旦遇到小小的挫折，就会马上放弃，就会否定和批判自己。然而，轻易放弃的人生从来不会得到成功，只有坚持不懈勇往直前，才能笑到最后。成功，永远只属于那些坚持不懈的人，这是因为成功的道路从不顺遂，真正的强者都要战胜人生中很多的困难之后，才能坚定不移向着成功奋进。

有很多年轻人，在初入社会的时候意气风发，觉得自己有无限的潜能，也认为自己可以创造生命的奇迹和神话。但是一旦遭遇挫折和打击，他们的信心马上消失，他们对于成功也会变得颓废沮丧，甚至彻底否定自己。不得不说，这样的自我限定，不但使年轻人故步自封，也使他们彻底失去了成功的机会。任何时候，都不要限定自己，这是通往成功的大门，否则连大门都关闭了，成功还怎么会如约而来呢？记住，人生从来没有重新来过的机会，作为一个想要得到生活馈赠的人，你付出多少，就能收获多少。

曾经，有一个年轻人拜伟大的钢琴家为师。让他惊讶的是，第一次上课，这个钢琴家就留给年轻人一个乐谱，让年轻人练习乐谱，等到熟练之后再去找他指导。看着乐谱，年轻人愁眉苦脸，因为这个乐谱难度很大，以他的水平根本无法演奏这个乐谱。足足用了一个月的时间，年轻人才把乐谱熟练地演奏出来。找到钢琴家之后，钢琴家听完年轻人的演奏，又给了年轻人一个乐谱，让年轻人勤于练习演奏。年轻人一看，乐谱变得更难了。然而，他不敢违背钢琴家的安排，只好硬着头皮继续练习。就这样，在一年的时间里，年轻人练习了六个难度越来越大的乐谱。

这次，他决定再去找钢琴家演奏乐谱的时候，一定要向钢琴家问清楚："为何不教我演奏钢琴呢？"然而，这次钢琴家没有再给年轻人更难的乐谱，而是把第一个乐谱交给年轻人。年轻人重新演绎第一个乐谱，居然把乐谱演绎得行云流水。年轻人惊讶极了：这个乐谱那么难，我居然演绎得这么好了吗？年轻人看着钢琴家，钢琴家说："我只是打破了你对自己的限定而已。"年轻人恍然大悟。

原来，年轻人对于演奏钢琴一直都很有天赋，但是他却很畏难，也不相信自己可以把钢琴演奏得非常美妙。钢琴家并没有切实指导年轻人，而只是利用自己的权威帮助年轻人打破内心的局限和禁锢而已。现实生活中，很多人都在经历跳蚤人生，那么一定要勇敢地打破心理高度，从而让自己努力冲刺，突破和超越自己，唯有如此才能创造生命的奇迹。

战胜困境，要有面对生活的信心和勇气

很多人对于人生都感到心虚，因为他们不知道自己在人生的道路上将会经历和遭遇什么，也不知道在未来的人生道路上自己将会遇到怎样的坎坷与挫折。实际上，该来的总会来，哪

怕我们每天都在忧愁焦虑，有些事情也是不可避免会发生的，而且这些事情的结果也不会因为我们的忧愁焦虑就有更好的改变。在现实生活中，我们一定要学会以端正的心态面对人生，尤其是在遇到困难的时候，更是要带着决绝的勇气战胜困境，而不要总是在人生的绝境中迷失自我，也失去继续勇敢面对生活的信心和勇气。

曾经有心理学家对于人们的焦虑进行调查，发现大多数人所担忧的事情都不会发生，而那些注定要发生的事情也不会因为人们的担忧而发生任何改变。其实，在事情没有发生之前先设想最糟糕的情况是可行的，因为这样可以在心中做好最坏的准备和打算，也可以在命运发生不测的时候全力以赴弥补后果。但是，不要因为做最坏的打算就对于人生中的很多事情怀着恐惧的态度，要弄清楚的是，设想的目的是做好准备接受一切，而不要让自己的心被恐惧胁迫着，再也无法全力以赴做好该做的事情。

有些人喜欢在事情还没有切实去做之前，就把事情想得太过美好，实际上，这样的美好一旦遭遇糟糕的结果，就会导致巨大的心理落差出现。所以真正明智的人不会盲目乐观，也不会盲目悲观，而是做好最坏的准备和打算，然后想着最好的结果去努力，这才是最重要的。此外还需要注意的是，事情在发展变化的过程中，谁也不能确定事情将会朝着坏的方向发展还是朝着好的方向发展，实际上好与坏的概率各为 50%。在这种情况下，与其一味地因为对于人生的设想而沮丧或者惊喜，不如摆正心态接受这一切，把自己置之死地而后生，这样才能勇敢无畏面对一切结果的出现，对于人生也会有更加强有力的把控和对待。

心情长期抑郁寡欢，对于人的身体会起到严重的负面影响。例如，有的人会因为心情长期压抑而患上严重的胃溃疡，为此很多医学专家在给病人治疗胃溃疡的时候，虽然已经对症下药，却没有良好的效果。这就是因为病人的胃溃疡症状并不是因为身体上的病因导致的，而是因为精神因素诱发的。对于这种类型的胃溃疡，病人如果能够调整好心情，愉悦地生活，他们就能够在心情好转的同时，让胃溃疡也神奇地愈合。当然，做好最坏的准备和打算，可以有效帮助我们放松紧张焦虑的状态。因为如果一个人已经能够接受最坏的结果，而且对于即将发生的一切也完全怀着轻松和坦然的态度，那么他们就会变得非常强大且不可战胜。

在电影《七十七天》之中，唯美的画面让每个观众都忍不住屏息凝气。徒步穿越无人区的男主角，在面对天地苍茫唯一人独行的壮阔人生时，内心深处也波澜起伏。不得不说，独自一人穿越无人区的确是非常伟大的壮举，时常要面临生命无常的困境，也时常要面临各种可怕的绝境。但是，主人公一直都没有放弃，而是继续努力向前。尤其是当同样饥肠辘辘的他被两只饿狼紧紧跟随的时候，相信所有观众都会为他紧紧地捏着一把汗。其实，相比起七十七天的无人区穿越，在人生的漫长旅程中，每个人所面临的危险并不会减少，反而有可能更多。既然如此，我们每个人也要像穿越无人区一样打起精神来面对人生的各种坎坷境遇。

当然，对于每个人而言，人生中最美好和最糟糕的境遇，并没有一定的标准去界定。这主要是因为每个人对于人生的理解不同，也是因为每个人对于人生的感悟有深刻有肤浅。那么对于那些最糟糕的结果，每个人的定义也是不同的。例如面对同样的事情，有的人觉得是最糟糕的，有的人却觉得是可以接受的，这就是生命的个体差异在发生作用。但是不管对于谁而言，宝剑锋从磨砺出，梅花香自苦寒来。一个人只有饱尝生命的磨难和艰辛，而始终都坚持不放弃，才能最大限度调整好心态，端正对于人生的态度，也才能真正给予人生更多的成长可能性。

世界以痛吻我，我却报之以歌

不如意是人生的常态，不可否认的是，命运常常会和我们开玩笑，也会让我们在猝不及防之余，不知道如何才能更好地面对人生，面对世界。但是，人只要活着，不管现实对我们是残酷，还是很温柔，也能满足我们对于生活的幻想，我们都要坚强面对世界，因为这是唯一最好的姿态。无数的事实告诉我们，一个人只有勇敢地面对挑战，只有在各种情况下都始终坚持不懈，勇往直前，才能突破人生的困境，才能让生命的脚步更加坚定不移地前行。虽然在努力奋斗的过程中，人人都会吃很多的苦，也会因为命运的无常而受到各种打击和磨难，为此也有人说理想是丰满的，现实是骨感的，而实际上现实不但骨感，而且充满残酷，但是，这绝不是我们放弃人生的理由，也不是我们疏忽懈怠的借口。世界以痛吻我，我却报之以歌，我们即使不能达到这样的境界，也要做到坚强面对。

心理学家经过研究证实，大多数人在出生的时候先天条件相差无几，甚至在幼年时期也不会有太大的差异。那么，为何随着不断的成长，在人生中经历很多事情之后，差异就越来越大，甚至很多人的人生都有了天壤之别呢？这就是因为他们在后天成长的过程中，面对人生的态度截然不同。成功者之所以能够获得成功，并不是因为他们有着远大的理想和志向，也不是因为他们有独特的天赋或者得到了命运的青睐，而是因为他们有坚强的人生脊梁，有顽强不屈的毅力，因而在做很多事情的时候，哪怕遭遇坎坷挫折，他们也能一往无前，奋发向上。相比起他们，那些失败者则总是陷入颓废沮丧的情绪之中，哪怕有小小的坎坷和挫折，他们也无法坦然面对，更不能振奋精神，让自己始终昂扬向上。正是因为对待失败和挫折有着截然不同的态度，所以他们在面对人生的时候，常常会有不同的收获和结果。

做人，一定要有勇气，要有胆识。成功者总是在通往成功的道路上披荆斩棘，努力向前，而失败者很多时候对于一件事情还没有真正开始去做，就会杞人忧天，前怕狼，后怕虎，常常因此而错失了最佳的时机，也迷失在人生的道路上。不要抱怨自己不曾得到良好的机会，因为好机会总是转瞬即逝，而且常常会以虚伪的面目出现，只有那些真正勇敢的人，才能当机立断抓住机会，才能在人生的道路上奋勇直前从不退缩。他们不是莽夫，在做很多决定和真正去做很多事情之前，原本已经知道了预期的结果有可能不尽如人意，但是他们做好了最坏的打算去承担后果，承担责任，所以才能真正成为人生的强者，在人生的道路上始终不忘初心，砥砺前行。

相比起失败，更为可怕的是因为胆怯而不敢做任何事情，最终一事无成。退一步而言，失败就是遭遇了不好的结果，但是至少帮助我们在不断尝试和努力的过程中获得了成功。为此，任何时候都不要止步不前，人生如同逆水行舟，不进则退，而且人生也会有很多的契机需要我们去勇敢抓住，努力借助于奇迹创造生命的奇迹。记住，即使失败，也到了经验，积累了经验，这是比无所作为更好的选择。

当然，做任何事情都不可能有百分之百的概率成功，也不可能百分之百失败。为此，我们不要盲目乐观只想到事情最好的结果，也不要盲目悲观只想到事情最糟糕的结果，否则，由此引起的盲目乐观和悲观对于人生都是没有好处的。我们一定要更加客观公正地衡量一件事情成功的可能性，也要意识到既然有可能成功，也就有可能失败，或者既然有可能失败，也就有可能成功。当我们确定自己可以接受和承受最糟糕的结果，也意识到自己除了努力向前之外没有其他的道路可以走，那么就要更加努力进取，才能在人生的道路上无所畏惧，勇往直前，也坦然接受一切的可能性。

不努力，就没有任何成功的可能，而生活在停滞的状态之中也会不知不觉面临莫大的退步。只有努力尝试，勇敢前行，才能获得成功的可能性，也才能在面临人生中各种糟糕的境遇时，有的放矢地向前，全力以赴地奋斗和拼搏，从而让自己拥有更多的可能，也获得更大的成功。不管命运如何对待我们，我们都要坚强，都要勇敢，不管遭遇多少次失败，在机会到来的时候，我们依然要张开双臂去迎接，而不能故步自封，导致自己的人生变成一潭死水，毫无变化。在人生的道路上，遭遇失败是正常的人生际遇，我们最重要的是提升自己的能力，从失败中汲取经验和教训，这样才能让自己的人生更加丰富，更加努力向上，也才能让我们的人生有更加美好的发展和成就。正如奥斯特洛夫斯基在《钢铁是怎样炼成的》中说的那样："人，最宝贵的是生命，生命对于每个人来说都只有一次机会。"既然如此，向前冲也是一生，往后退也是一生，充实精彩也是一生，一成不变也是一生，我们为何不能在人生的道路上勇往直前，发挥强者的精神，决不畏缩地向前，向前，再向前呢？只有精彩绝伦的人生，才能让我们在走过青春的岁月之后，无怨无悔，无惧无怕！

熬过今天的苦厄，才能迎来明天的美好

人生看似漫长，其实只有三天，那就是昨天、今天和明天。面对人生的困厄，我们唯有看清人生的本质，知道人生就是不

断地奋发向上，就是采取积极的态度面对一切艰难，就是忘记昨天、把握今天、憧憬明天，才能真正操控和把握人生，才能在人生的困境中崛起，保持积极的进步态势。

如今，有很多年轻人对于人生都有着不切实际的渴望，因而他们眼高手低，好高骛远，总是觉得昨天是遗憾的，今天是残酷的，明天将会是更残酷的，因而渐渐对人生失去希望，变得颓废沮丧。从本质上而言，人生不如意十之八九，失败是人生的常态，只有少数人运气特别好，才能在人生之中寻找到生命的真相。而作为普通人，我们要做的就是勇敢和坚持，就是熬过人生的困厄，这样才能在面对人生的一切艰难时都决不畏缩和逃避。

试问，有谁的人生是顺遂如意，从未艰难的吗？可以说，这个世界上根本没有一帆风顺的人生，不管你是出身于高官贵族，还是出身于平民百姓，你都要在人生之中发奋努力，才有可能获得自己梦寐以求的一切。否则，当你因为人生中小小的挫折就否定了今天，那么你还如何把握人生呢？在人生的三天之中，昨天不管好坏都已经过去，今天才是每个人唯一能够掌控的一天，至于明天则还远远没有到来，而且明天将会如何，很大程度上取决于我们今天的努力。从这个角度来说，每个人在一生之中真正能够把握的只有今天，为了争分夺秒过好每一个今天，既不要因为已经过去的昨天而感到无限懊恼，也不要为尚未到来的明天而杞人忧天。对于每个人来说，当务之急就是做好今天的一切，这样才能在未来拥有充实的、无怨无悔的昨天，也才能拥有成功的、值得期许的明天。

在风风雨雨的人生路上，也许一时的艰难跋涉很容易，甚至翻山越岭也不可怕，真正让人感到艰难的是坚持。因为人生总是既有成功也有失败，既有坎坷也有顺遂。每个人唯有坚持理想的最高状态，朝着伟大的目标坚定不移地走下去，才能无怨无悔，成就未来。

2001 年初春，纳斯达克指数下降，几乎一夜之间，全球的互联网行业都陷入寒冬时节，很多从事互联网行业的人才都遭遇失业的窘境。在这样的窘迫情况下，阿里巴巴也不得不马上收缩海外规模，并且把总部从繁华的上海搬迁到杭州，从此之后立足本土，脚踏实地地谋求发展。

互联网泡沫的破裂，让马云突然间惊醒，意识到要想顺利渡过危机，就要立刻停止烧钱行动，从而立足国内，立足根本。直到如今回忆起当年的情形，马云还心有余悸。他很清楚，如果不是当时当机立断辞退海外的工程师，做出一系列举措，也许公司只能勉强维持半年。然而马云更清楚的是，和困境相比，员工更难度过由此带来的巨大心理冲击。为此，马云还开展了一系列整风运动，只为了帮助员工调整好心态，携手共渡难关。然而，马云始终没有忘记自己的梦想，也一直在艰难跋涉，勇敢坚持。无数的企业在发展的道路上，因为不能做到高于昨天、憧憬明天和把握今天，而最终结束了发展，而马云作为众多失败者之中的佼佼者，却取得了今日的成就，不得不说这与马云的高瞻远瞩是分不开的，所谓不忘初心，方得始终，在马云身上得到了很好的验证。

作为刚刚毕业的大学生，一味地担忧丝毫没有意义，与其把宝贵的时间用于担忧，不如多多花费工夫来开解自己，从而让自己端正心态，积极主动面对人生。很多应届大学毕业生找工作的时候总是盯着所谓的薪资，却不能把目光看得更长远。金钱固然重要，也是生存的根本，但是金钱却并非工作的唯一目的。尤其是对于一人吃饱、全家不饿的年轻人来说，更是应该高瞻远瞩，更关注工作给自己带来的学习和提升，更在乎平台和晋升的空间，而不要一味地盯着薪资。

很多年轻人面对严峻的就业形势和现实状况，总是感慨万千地说“理想很丰满，现实很骨感”，实际上，拥有怎样的人生并非完全取决于运气，而是更大程度上取决于年轻人努力的程度。成功原本就是一个小概率事件，想要拥有璀璨辉煌的人生更是可遇而不可求的。任何情况下，我们都要坚定从容，都要对待人生不遗余力地付出，才能让自己坚持到最后一刻，获得人生更多的可能性，也让人生得以成长和成熟。

曾经有一位名人说，一个人是平庸还是强大，取决于他能否再多坚持一分钟。的确，成功往往就在人生的转角处，如果轻易就放弃了，很有可能就会错失成功的好机会，将来追悔莫及。为了让人生无怨无悔，也为了最大限度地充实人生，我们必须打起十二分的精神来，从昨天吸取经验和教训，立足今天，憧憬明天，这样才能迎来人生的坦途。

第 07 章

你要坚强熬过苦难，你才有机会凤凰涅槃

莎士比亚曾说：“宗教如萤火虫，为了发亮，非有黑暗不可。”所谓的苦难、错误并不是白白经历的，忍耐这些痛苦之后，我们的人生会绽放出最美丽的成功之花。具有坚强意志力的人，他们从来不惧怕挫折和困难，他们甚至将挫折当作是自己人格的试金石。的确，意志力是人生不可多得的财富，拥有了这笔财富，就没有什么困难不能克服，没有什么曲折可以把人击倒。

面对挫折，更要砥砺前行，不断进取

现实生活中，有谁的人生是一帆风顺的呢？即使是含着金汤匙出生的富二代、官二代，也不可能顺遂如意下去，他们只是出生的起点比别人更高而已。曾经有心理学家经过研究发现，大多数人的先天条件相差无几，例如大多数人的智商都在正常范围内，既不会更高，也不会更低，而之所以这些条件相当的普通人在后天成长的过程中有了截然不同的人生表现，获得了相差迥异的人生成就，就是因为他们对待挫折和失败的态度不同。

那些总是被失败纠缠的人，一旦失败就彻底放弃，或者一蹶不振，为此他们尽管避免了失败，却也彻底与成功绝缘。与他们正相反，那些总是得到成功青睐的人，其实并不像大多数人所想的那样有着独特的天赋或者特别的好运气，而是靠着战胜挫折和坎坷，把失败当作垫脚石踩在脚下，不断地努力向上。所以不要一味地羡慕他人，而是要更加辛苦和努力地成长，我们才能在成功的道路上砥砺前行，不断进取。

常言道，困难像弹簧，你强它就弱，你弱它就强。的确如此。因此要想战胜困难，我们必须鼓足勇气，才能在人生前进的道路上兵来将挡，水来土掩，始终保持进步的姿态和勇气。

在参加高考之后，他的感觉就很不好，因为在考试过程中，他遇到好几道不会做的题目，为此他很担心自己考不上理想的大学。成绩出来后，他果然与理想大学失之交臂，最让他懊丧的是，只有一分之差。但是，不管差一分还是差一百分，又有什么差别呢？都意味着他与心仪的大学失之交臂，也意味着他要想再争取到一次机会，就必须重新复读一年。一分之差，让他陷入了犹豫和焦虑之中，不知道是该复读，还是退而求其次去其他大学报到。

最终，他决定去另一所大学报到，却很沮丧。为他送行的时候，父亲拿出一个空酒瓶，问他："如果让你评价这所你即将去就读的大学，你认为可以把这个瓶子装满几分的酒？"他想了想，说："半瓶吧！"父亲拿出一瓶陈年的好酒，让他朝着这个空酒瓶里倒入半瓶酒，并且对他说："有朝一日，当你觉得退而求其次的这所大学并不影响你人生的发展，我们爷俩一起把这半瓶酒喝掉。"他当时还不知道父亲的话是什么意思，只是觉得上这所大学必然成为自己人生中最大的遗憾，于是他木木地点点头。

进入大学之后，他发现这所大学并不像自己想象中那么糟糕。很快，他就意识到他的很多同学都很幽默风趣，也有着伟大的理想和志向，甚至还结识了志同道合的朋友。又因为成绩在入学的时候遥遥领先，他在学习上出类拔萃，得到了老师的偏爱，也得到了很多千载难逢的好机会。为此，他还当选了学校里的学生会主席，把大学生活过得风生水起。一年下来，他回到家里精神抖擞，就像变了个人一样。父亲问他："你觉得咱们爷俩可以对酌了吗？"他不好意思地对父亲笑起来，说："我去买下酒菜，你最爱吃的盐水花生。"就这样，他与父亲畅饮畅谈，说起了人生，说起了理想，他意气风发，觉得自己的人生充满了无限的可能性。

如果他当初因为没有考上心仪的大学就颓废沮丧下去，那么今天就不可能有这样风生水起的大学生活。由此可见，如果不能改变外界的环境，就应该改变自己的心，唯有如此，才能全力以赴经营好人生，也才能让自己的未来更加理性从容。

要记住，每一个人的人生道路上都有坎坷和挫折，正是因为有了这些磨难的存在，未来才变得更加值得期待，成功的喜悦也才显得更加珍贵。作为一个真正的人生强者，我们要始终以微笑装点人生，也以希望点亮人生的道路。

在命运的淬炼中让自己变得更加强大和无所畏惧

巴尔扎克说，对于天才而言，挫折与失败是进身之阶，对于弱者而言，挫折与失败则是无底的深渊。的确，在人生的历程中，有很多人都会遭遇挫折和失败，这是因为不如意是人生的常态，而命运之神更是会以各种方式来考验我们。为此，我们一定要更加勇敢无畏地去面对，才能鼓起所有的信心和勇气，才能在生命不断向前的过程中，让自己的内心变得更加强大起来。

在这个以物质为基础的世界，很多事情并不因为我们如何去想，就发生相应的改变，而且有的时候哪怕非常努力和刻苦拼搏，也未必会有转机。在这种情况下，我们当然不能一味地奢求命运青睐，而是要挺起人生的脊梁，以更加盎然的姿态面对人生。世界以痛吻我，我却报之以歌，即使我们不能做到真的如此，也应该在挫折中凤凰涅槃，浴火重生，在命运的淬炼中让自己变得更加强大和无所畏惧。

1976 年，一个重度残疾的女婴出生在美国的一个普通家庭里，她的腓骨先天发育不全，甚至缺失，为此在一周岁生日的当天，还懵懂无知的她接受了从膝盖以下的截肢手术，彻底失去了自己的小腿。在年幼的时候，她并没有意识到自己与其他孩子的不同，但是随着不断的成长，她逐渐意识到自己重度残疾，为此她很彷徨，也很悲伤。她时常因为自己不能像其他孩子一样快乐地跑跳而痛苦落泪，但是妈妈告诉她：“孩子，你是不同寻常的天使，命运给你做了一个印记，就是让你和其他孩子不一样。不要掉眼泪，你要相信只要你肯努力，终有一日你的所有眼泪都会变成世界上最美的钻石。”在妈妈的支持和鼓励下，女孩变得越来越坚强和乐观。

到了入学的日子，女孩勇敢地走入学校，迎着同学们异样的眼光，她努力学习，成绩出类拔萃。随着不断的成长，她身体的条件有所改变，还先后进行了五次矫正手术。这一切都没有打倒她，她很热爱体育运动，常常和弟弟们一起踢球，甚至还和弟弟们骑自行车去郊游。为了增强体质，抵御病魔，她每天早晨醒来都要进行体育锻炼，从未懈怠过。大学的时候，父母没有足够的钱给她支付学费，她却以优异的成绩拿到奖学金，顺利入学。在大学里，她非常幸运地认识了一名体育老师，在体育老师的专业指导下，她的身体越来越强壮，而且开始有针对性地进行跳远和跑步训练。后来，她在老师的鼓励下参加田径比赛，却在跑到一半的时候，突然假肢掉落，全场哗然，人们都以同情的目光看着她，但是老师却对她挥手，示意她装上假肢，继续完成比赛。有了这次经历，她的内心更加强大，她再也不愿意以弱者的姿态面对人生。后来，她参加了残疾人比赛，顺利地夺得了很好的名次，还打破了好几项世界纪录。如今，她从体育项目上退下来，又接受了一位服装设计师的邀请，成为专业模特。实际上，她最好的妆容不是华丽的衣服，也不是她努力得到的荣誉，而是她发自内心绽放出来的自信和从容。她就是艾米·穆斯林，她告诉人们：只有被打败的灵魂才是残疾的象征，每个人只要内心始终怀有希望，含着泪奔跑，把眼泪变成钻石，就可以拥有绝美的人生。

实际上有很多身残志坚的人，都以自己的顽强不屈活出了应有的姿态，甚至活出了比正常人更加精彩的人生。作为普通人的我们，当然是很幸运的，因为我们有健康的身体，有可以主宰的人生，既然如此，不管经历什么，都不要对命运怨声载道，而是要以最美好的姿态面对人生，在人生中全力奔跑，成为真正的人生强者，也让生命被打磨成最美丽的钻石，璀璨夺目！

人生是一场旅途，没有人知道自己在旅途中将会遇到什么，看到什么。最重要的是，我们要始终怀着积极的态度面对人生，始终充满希望照亮人生的前程。记住，只要自己不放弃，就算像凤凰一样浴火涅槃，我们也可以活得精彩，也可以在人生之中绚烂绽放！

痛苦是人生的养料，让人不断成长

直线几乎是毫无美感的，因为直线很僵硬，也没有变化。与直线相比，曲线则显得灵活生动，还能塑造出很多优美的、引人深思的图形。曲线还让人想起流动的水，流水之所以富有魅力，是因为它是流动的，始终充满新鲜的活力。人生呢，应该是直来直往的直线，还是蜿蜒曲折的曲线？也许有人不愿意因为人生的复杂和蜿蜒曲折而伤脑筋，所以就选择让人生成为直线。有在高速公路上开车经验的朋友们知道，在高速上开车看似平坦顺畅，实际上比在复杂路况开车更容易发生事故，因为笔直的高速路毫无变化，很容易导致司机精神懈怠，变得困倦。相比之下，在复杂的路况下开车，司机非常警惕，万分小心，因为注意力高度集中所以最大限度地避免了事故的发生。人生也是如此，一帆风顺的人生往往没有让人瞩目的成就，而古往今来大多数成就伟业者，都曾经遭遇过人生的坎坷与挫折，都饱尝人生的艰辛与苦涩。有人说痛苦是人生的养料，这句话很有道理。的确，痛苦能滋养人不断成长，也能让人得到经验和教训，从而把未来的人生之路走得更好。

看到这里，朋友们，你们还希望人生是毫无变化的直线吗？你们不会觉得直线的人生太过枯燥和寡淡了吗？既然如此，不如选择曲线人生吧。当人生呈现出曲线，就会富于变化，也会拥有流动的韵律，我们就更能够在不同的道路上领略不同的风景。曲线人生还是高低起伏的，所以我们在行走过程中还有可能攀登人生的巅峰，享受一览众山小的开阔视野和豪情。从另一个角度而言，每个人都不能完全决定人生，只能努力地影响和控制人生。

褚时健的人生从来不是一帆风顺的，他出生在贫穷的农民家庭，凭着刻苦读书，才能改变命运，脱离面朝黄土背朝天的生活。然而，正当他家庭幸福、事业有成之际，却被打成右派，参与改造，也因此拖累了妻子和女儿一起下放农场。

好不容易熬过文革，褚时健已经年过半百，临危受命去玉溪卷烟厂上任，当厂长。当时，玉溪卷烟厂濒临倒闭，褚时健带领团队辛苦地奋斗了十八年，才挽救了玉溪卷烟厂，使其成为全亚洲最大的卷烟厂，他也因此成为大名鼎鼎的烟草大王。然而，因为一时误入歧途，褚时健因经济犯罪而身陷囚牢。命运的打击接踵而至，他唯一的女儿又在狱中自杀了。大家都觉得褚时健一定会因此而倒下，不想，褚时健却坚持下来了。到出狱时，他已经是古稀之年，很多人到了这个年纪都选择颐养天年，甚至混吃等死，但是褚时健却选择开拓荒山，种植橙子。可想而知，对于这个年逾古稀的老人而言，一切都是艰难的。

褚时健富有人格魅力，万科集团的创始人王石就把褚时健当成自己的偶像，他非常尊重褚时健，还特意去荒山看望过褚时健。见到王石，已经七十五岁高龄的褚时健指着满山的树苗说：“只需要等六年，这里就会长满了橙子。”那一刻，他的脸上神采奕奕，绝没有想过自己六年后已经八十一岁了。除了褚时健，谁还能在人生跌到谷底的时候，在年逾古稀的年纪勇敢地崛起呢！褚时健做到了，他种植的褚橙畅销全国，他的身价又已经上亿了。

难以想象一个老人能在七十多岁高龄时，在人生低谷中崛起，从人生歧途中回到正道。而且，他所从事的还是最艰难的事情——开辟荒山，种植需要六年才能开花结果的橙子。对于年轻人而言，六年的投入尚且值得考虑，对于一个年逾古稀的老人，这需要多么大的勇气和自信啊。

面对人生的低谷，面对生命的困厄，真正的勇敢者不会轻易放弃努力，而是能够踩着失败的阶梯不断向上，也能够从失败之中崛起。唯有保持淡然的心态，一个人才能坦然面对人生，也才能在人生中勇往直前，绝不懈怠。记住，生命永远都是曲线，而不是直线。面对人生，不管遭遇怎样的情况，都要勇敢坚定，走出坎坷与困境，才能创造奇迹。当所有的磨难都成为过去时，它们都已经成为你生命中的彩虹，当你回望生命，你会感恩曾经的磨难，也会感谢曾经的自己。

拥有的少，反而是一种幸福

贪婪是人的本能，每个人都有很多的欲望，对于人生也有深刻的憧憬。然而，并非所有的欲望都能得到满足，也并非一切的憧憬都有实现的那一天。与此同时，命运只是相对公平，而不能做到绝对的公平。每个人从一出生开始，就拥有截然不同的人生，有的孩子出生在富二代官二代的家庭，一出生就享受优渥的生活，衣食无忧，而有的人出生在贫穷的家庭，不但缺衣少食，在生活条件和质量方面也会差一大截。然而，面对人生看似不公的待遇，我们完全无须抱怨。

民间有句俗话，光脚的不怕穿鞋的，意思是说如果一个人一无所有，反而可以不顾一切、破釜沉舟地去干。而一个人如果拥有太多，则前怕狼，后怕虎，这样一来，他们当然不能不顾一切努力去做。记住，人生中从来没有绝境，真正的幸运是你到现在还能一无所有，所以你能最大限度打开人生的新局面，也让自己摆正心态勇敢去拼搏。

每个人在最初降临人世的时候，都是一张白纸，毫无瑕疵，也没有内容。随着不断的成长，他们才越来越成熟，也拥有更多。然而，凡事有利皆有弊，从辩证唯物主义的观点来看，拥有更多固然更好，拥有得少也恰恰能让人生减少束缚，获得更多的幸福快乐。记住，一个人不是因为拥有更多才幸福，而是因为一无所有，所以才能获得更多的幸运。

在深山里的寺庙中，有一个老和尚带着三个小徒弟一起生活。一天，老和尚让徒弟们去山上砍柴。徒弟们临行前，他给了大徒弟一根拐杖，给了二徒弟一把雨伞，唯独没有给小徒弟任何东西。小徒弟心中愤愤不平，默默地叨咕：“我是最小的，为何照顾师哥们，却不照顾我呢？师父可真是偏心眼。”就这样，大徒弟和二徒弟都沾沾自喜地上山了，而小徒弟却愁眉苦脸。

正午时分，天上突然下起大雨，师父挂念着三个徒弟，一直守在寺庙门口等着徒弟们归来。没过多久，大徒弟就鼻青脸肿地回来了。原来，他仗着自己有拐杖，在砍柴的时候专走崎岖的山路，导致不停地摔倒。没过多久，二徒弟也回来了。让人惊讶的是，二徒弟虽然有雨伞，却淋得浑身都湿透了，就像一个水鬼。原来，二徒弟仗着有雨伞，看到下雨了也没有去山洞中避雨，而是打着伞继续冒雨前行。

就这样，他的伞被风不止一次掀掉，因此他被淋得如同落汤鸡一般。最后，是小徒弟安然无恙地回来了，他既没有摔跤，也没有淋雨，而是平平安安，还背回来一大捆干燥的柴火。

看到小徒弟的样子，大徒弟和二徒弟都很惊讶。他们纷纷问小徒弟：“你为什么既没有摔跤，也没有淋雨呢？”小徒弟笑着说："我没有拐杖，所以走路的时候专门挑选平坦的道路走；我也没有雨伞，因而下雨之前看到满天乌云，我就赶紧背着柴火去山洞里避雨，下山的时候道路泥泞，我就更加小心。"

听了小徒弟的话，大徒弟和二徒弟都恍然大悟：原来，是因为拥有太多，所以也就注定我们会失去更多。

人生之中，每个人都会遭遇各种各样的困境，很多人因为自己拥有得太少，所以在现实生活中总是怨声载道。殊不知，人生从来不是单行道，正所谓条条大路通罗马，每个人只要处处留心，只要有心，就能够收获更多。

一开始拥有多少并不能决定我们人生的最终状态，就像人们常说的，人生是一场马拉松，输赢并不决定于起跑线。唯有我们保持淡定从容的心态，始终均匀地发挥出人生的力量，人生才会有所突破，取得质的飞跃。

很多时候，一无所有并非是命运对我们的亏欠，反而是人生的优势。当真正一无所有的时候，我们就能破釜沉舟，以决绝的勇气在人生中奋勇向前。否则，当拥有太多，顾虑也太多的时候，我们又如何能够在人生中取得质的突破，得到超乎寻常的发展呢！

越是在苦难中，越是要磨炼自己的意志

一个人要想拥有极高的人格和坚强的品性，只拥有顺遂如意的生存环境和经历是远远不够的。正如有位名人所说的，苦难是人生最好的学校，唯有在苦难中不断地磨练自己的心性，汲取人生的养分，人的品格才能越发坚强可贵。正如梁启超所说，对于人格而言，苦难就是最高学府。越是处于人生的逆境，我们越是应该摆正心态，积极乐观地面对，越是在人生看似陷入绝望之时，我们越是要戒骄戒躁，从困难中汲取养分，磨练意志，从而最终从苦难的学校中毕业，也培养自己的忍耐力和意志力。

人生不如意十之八九，没有任何人能够完全在顺遂如意的环境中成长。越是面对失败的打击，越是遭遇失败的困惑，我们越是应该坚定从容，也越是应该拥有镇定自若的精神。正如古人所说，动心忍性，方能增益其所不能。每个人从出生伊始，都是普通而又平凡的生命。要想成就与众不同的自己，要想拥有璀璨辉煌的人生，我们就要端正心态面对人生，也要对人生充满感恩之心，绝不轻易缴械投降。

一个人如果始终怀着坚强的心，哪怕面对人生的困厄也决不屈服，那么外界的任何东西都无法打倒他。所以面对人生，最重要的不是拥有什么，而是能够付出什么，坚持到什么时候。

唯有如此，我们才能实现人生的逆袭，也才能实现人生的华丽蜕变。

真正的强者，决不向所谓的命运低头

在人生之中，每个人都可以成为生命的主宰，不管他是成功还是失败，也不管他的身份地位如何。偏偏有很多人妄自菲薄，总觉得命运残酷，或者是有所偏爱，而把自己视为那个从来不被命运青睐的人。人们总是说，人人平等，人格没有高低贵贱之分。实际上，这是很有道理的。我们不但要平等对待他人，也要平等对待自己，才能做到自尊自重自爱，也才能坦然面对人生的顺境和逆境。

不管何时，磨难的力量都是很强大的，甚至能够把人的坚强意志碾压碎掉。作为真正的强者，在面对命运的磨难时，更要让自己鼓起所有的勇气，从而在人生中有出色的表现。有人以为人生的脊梁就是铮铮铁骨，实际上人生真正的脊梁，是精神的伟大力量。

一个人哪怕骨头再硬，也无法承受万钧之力，但是只要他们保持精神该有的姿态，就能够始终屹立不倒，坦然面对人生的风雨泥泞和坎坷。对于这个世界而言，真正美好和强大的，是人的心灵。唯有心中充满力量，方向明确，人们才会走向更遥远的未来。

正如人们常说的，如果命运为人关上一扇门，那么还会向人打开一扇窗。虽然命运总是相对公平的，不会特别偏爱某一个人，但是命运却很懂得兼顾的道理。它不会把一个人逼上绝路，也不会让一个人占尽所有的好运气。命运总是高高地坐在云端上，俯视着人世间发生的一切，时而也会对人网开一面，让足够努力和坚持的人有更好的结局。也有人说人生如戏，每个人都在人生的大舞台上表演，扮演自己的角色。实际上，每个人的人生都有很多的未来，也要扮演不同的角色。面对命运安排的剧情，我们必须扮演好自身的角色，也真正展示自己的实力，才能拥有更大的表演空间，也让人生有更多的可能性。

当然，在人群中的大舞台上，真正能够成为人生主角的人少之又少。但是在自己人生的舞台上，每个人都是主角。所以我们要更加用心扮演好人生角色，才能在残酷的命运面前，更加从容不迫，也更加坚定不移。记住，你是你的王，除了你，没有人能够取代你的位置。

爱好音乐的人，无一不知道贝多芬是举世闻名的音乐大师，是音乐界的泰斗。贝多芬从小就开始学习音乐，因为在音乐上有独特的天赋，他才八岁就已经开始举办个人音乐会。后来，他在音乐的道路上不断地前进，拜莫扎特为师，虚心学习。才二十出头的年纪，贝多芬在音乐方面造诣已经很深，开始频繁地进行音乐演出，也自己进行创作。

大家都知道，莫扎特也是音乐的始祖，可想而知莫扎特绝不会轻易地招学生。当听说贝多芬要拜访自己为师，莫扎特给了贝多芬一个很难的题目，让贝多芬现场创作钢琴曲。众所周知，有才华的诗人能够七步成诗，贝多芬也有马上就能作曲的本领。他拿到莫扎特的题目思考没多久，就演奏了一首旋律特别美妙的钢琴曲。莫扎特很高兴地收贝多芬为学生，从此之后竭尽所能教授贝多芬。

贝多芬不但具有音乐方面的天赋，而且特别勤奋，每天废寝忘食学习音乐，即使去饭馆吃饭，也会情不自禁地把餐桌的台面当成是钢琴键盘，努力地演奏。他一边用手指敲击桌子的台面，一边沉浸在心中的音乐和旋律中。等到意识到周围人都在看自己，他才赶紧说：“老板，结账吧，多少钱？”周围的人哈哈大笑起来，因为贝多芬根本没有吃饭，只是坐在那里一直在敲击桌面而已。正是这样的辛苦和努力，让贝多芬最终成为非常优秀的音乐家。然而，也许是天妒英才，1816年，贝多芬失去了听力。可想而知，对于一个音乐家而言，失去听力意味着什么。但是贝多芬没有向命运屈服，而是说：“我必须扼住命运的咽喉，决不向命运屈服。”

从此之后，贝多芬踏上了与命运抗争的道路。他不满足于只是创作音乐，而想亲自担任指挥家，指挥乐队演奏。然而，贝多芬根本听不到任何声音，如何能当指挥家呢！后来，他采用了用木棍感觉钢琴共鸣箱的方式，终于让自己能够感知到声音。此后，他成为了伟大的指挥家，亲自指挥乐队演奏他的《第九交响乐》。当他的演出大获成功，观众在他背后爆发出热烈的掌声时，他浑然不知。一位女歌唱家带着他转向观众，他才看到观众们激动的样子。贝多芬感到满足了。在短暂的人生中，贝多芬创造了很多优秀的音乐作品，至今仍然流传为经典。

贝多芬和蝉一样，蝉没有听力，所以才不遗余力鼓起胸部嘹亮地歌唱。贝多芬也没有听力，但是他却能够使用独特的办法，让自己感知声音，也让自己创造生命的奇迹——以失去听力的身体条件成为一名伟大的指挥家。

实际上，人是脆弱的，但是人却能战胜命运，因为人是非常执着且坚定不移的。任何时候，我们都不要总是向命运屈服，因为命运总是欺软怕硬，会在真正的强者面前降服，也会在真正的弱者面前变得更加趾高气昂。

面对人生的挫折和磨难，面对命运的挑战，我们也要鼓起胸膛，嘹亮地歌唱，一路欢歌走完人生之路。

虽然我们的生命未必能像贝多芬一样绚烂绽放，但是却不能放弃，而要继续努力，成就独属于自己的辉煌。

第 08 章

努力做好今天的事，自律让你拥有未来

我们谁都渴望成功，然而，这个世界上成功者凤毛麟角，尤其是那些让人瞩目的成功者，更是需要天时地利人和综合作用的结果。大多数人都很普通，他们看起来默默无闻，也没有独特的过人之处，其实，成功者和普通人之间的区别之一在于自制力如何，真正的成功者，不但要明智，要有主见，更要有极强的自制力和自控力。任何人，做到高度的自制，做自己的主人，对命运的把控才会变得更强，才能主宰一切！

你不反省，如何成长

曾经听我爸爸讲过有关他兄弟，也就是我三叔的一个故事，故事的内容让我至今难忘。我亲眼见证了三叔的人生从高潮到没落。以前我不理解为什么会这样，但是在听完爸爸说的几件事情以后，我渐渐明白了问题出在哪里。

前年，三叔的儿子要结婚，女方家要求必须在省城里买一套房子才同意结婚，没办法，三叔只得想办法给他们买一套房子，于是四处借钱。按理说，求人办事，应该客气有加，无奈三叔生性霸道，自小就被奶奶惯坏了。距离买房的首付款还有很大的一段空缺，三叔需要求助的对象有很多。然而，三叔借钱的态度非常强势蛮横，指名道姓的告诉人家必须限时借给他多少钱，好像全世界的人都欠他一样。

有些亲戚家里确实没有那么多钱，又碍于情面准备意思一下，不成想三叔还不乐意，不但将人家借的钱退了回来，还说些不着边际的风凉话；有些亲戚虽然按照辈分算还算近亲，但是人家八辈子都没有跟三叔有什么来往，也没有什么情分，他也不打声招呼就去找人借钱，结果碰了一鼻子灰。随后，他就四处宣扬别人的无情无义，怎么怎么不仗义厚道。不成想，被怼的这位亲戚也不是省油的灯，见不得三叔随便嚼舌根，有损他的名声，于是，有一次两人在镇里遇到了，便当面锣对面鼓的当头棒喝：“你在我面前有什么情分，我最需要帮助的时候，你帮助过我吗？既然你在我面前没有任何的情分，又凭什么说我无情无义？”三叔被怼得一句话说不出来，却还是胡搅蛮缠地倚老卖老。

这样的事情在三叔的身上很常见，也因此，三叔在我们整个家族里面都非常的不受人待见，多年来跟他相处的人中，从来都是只准他占别人的便宜，不准别人占他的便宜。即便别人帮他再多的忙，他也不会心存感激，有所表示。其实，整个家族里面，最忘恩负义的人莫过于他。凡是跟他相处过的亲戚朋友们，都知道他的品行，最后渐行渐远。

实话说，三叔之所以会这样也跟他前半生的风光无限有关。三叔年轻的时候，刚刚遇上改革开放，那时候的三叔是整个家族里面最先开始做采购生意的，就凭借着物品差价的倒卖三叔积累了几百万的财富，三十多岁的时候就被人称为“百万富翁”。但是后来，这样的渠道越来越多，三叔不懂得利用新的信息渠道扩展自己的生意，只会抱着原来的渠道啃老本，接连投资了好几笔生意，最终却以失败而告终了。三嫂自从嫁给三叔以后也一直跟着享福，从来没有出去上过班，也没有任何谋生的手段，以致三叔生意失败以后，家里的生活境况越来越差。再加上三叔不让别人占便宜的性格，亲戚之间有什么新的致富经验、资讯也不愿意告诉他。

从此，三叔便一直活在抱怨妒忌之中，抱怨这个人对他刻薄，那个人没有人情味。一句话总结就是全世界的人都亏欠他，全世界的人都是忘恩负义的。他虽然活了大半辈子，却从来都不知道反省自己的问题，从来没有反思过自己之前为人处世又是多么的不地道。就这样，三叔这样一个不懂得反思的人，永远都只会盯着别人的过错，不懂得感恩，也就将自己一辈子埋在了痛苦之中。

就像是三叔一样，一个不懂得反思、不知道感恩的人永远都只会在原地踏步，一生平庸，甚至越过越差，穷困潦倒。就像是拿破仑曾经说过的，不会从失败中总结教训的人，离成功往往是遥远的。

记得之前看电视剧《军师大联盟》的时候，人人都知道司马懿成功的最主要原因是比其他人能忍，殊不知他还有一个非常过人的优点，非常懂得反省自己。印象中最深刻的一个描述就是司马懿做任何事情都是每往前走一步，向前看三步，回头看十步。他在朝堂之上每说完一句话，做完一件事情就会立刻查看曹操的脸色。回去以后还会再三反思自己做得对不对，说的话对不对。如果察觉到了不对便会马上改正，下次绝不再犯。用战战兢兢、如履薄冰来形容司马懿的一生相当贴切。反观剧中的另一个人物杨修，如果说起才智或许也可以说是在司马懿之上，但是性格跟司马懿相比却是天壤之别。杨修天性张扬，不懂得伴君如伴虎的道理，几次惹得曹操恼羞成怒却还是不懂得反省为人臣子的君臣之道，最后亲手将自己送上了断头台，失去了一切。

曾子曾经说："吾日三省吾身，为人谋而不忠乎？与朋友交而不信乎？传不习乎？"懂得反省其实是人生的一种智慧，能够帮助你从这个坑里爬出来以后不再掉入那个坑里。仔细观察古今中外那些有所成就的人，你会发现他们都非常注重自我反省，时常会检讨自己的内心。就像是一代明君李世民曾经说过的："以铜为镜，可正衣冠；以人为镜，可照得失。"自我内心的反省，就像是一面镜子，能够将我们的错误清清楚楚地照出来，使我们有改正的机会。

越是层次高的人越是懂得内求，越是层次低的人却越是外求。而越是无能的人，却越是喜欢挑剔别人的错。人非圣贤，孰能无过？只有懂得适时反省自己，不断地改进自我，才能发现自我的问题所在，才能够懂得换位思考，让自己走出自负与偏激，走出自以为是的世界，迈入一个新的世界。学会反省能够让自己健全人格，总结教训，感恩他人，学会在歧路中止损，而一个不懂得反省的人只能在原地踏步，漫漫人生路，他只有经历，却没有经验，这样的经历即便再多，下一次的时候也还是难免在同一个地方摔倒。由此，可以说，一个不懂得反省的人，注定是一个没有未来的人。

学习自控，高度的自制才有高度的自由

史蒂夫·乔布斯曾经说过这么一句名言："自由从哪里来？从自信来。而自信从哪里来？从自律来。"那么，什么是自律？《辞海》中对自律的解释是：自律是对自我的控制。只有学会克制自己，用严格的日程表控制自己的生活，才能够在这种严格的自律中不断磨练出自信。确实，成年人如果连最基本的行为控制能力都没有，又何谈什么自信，更奢谈什么自律呢？

仔细观察生活中的那些大人物，他们无一例外都是人生的狠角色：他们往往能够像职业运动员一样近乎严苛地管理着自己的生活：作息、饮食、习惯、爱好、体力，甚至欲望等。其实也可以想见，如果我们能够做到这么自律，能够坚决执行既

定的计划，必然，我们的工作也不会差到哪里去。就像是前华人首富李嘉诚，他有着一份令人钦佩的作息时间表：不论晚上几点睡觉，第二天清晨五点半的闹铃响起以后，一定还是会按时起床。然后，他会读新闻，再打一个半小时的高尔夫。接着再去办公室开始工作。正是凭借着这么近乎自虐的自律，李嘉诚几十年如一日地坚持着，最终也如愿成为自己的人生赢家。

或许有人会说，人生苦短，何必那么辛苦为难自己，让自己那么辛苦呢？但其实，正是因为人生苦短，我们才更应该利用好这有限的时间，将自己的效率最高化，才能够有更多的精力和时间让自己投入到自己喜欢并真正想要做的事情中去。人越长大便越会发现：自律其实是我们能够更好生活的基石。凡事令行禁止，生活才更容易走上轨道，及时发现自己的错误，修复错误，才能够表现得越来越好，生活明亮，中气十足。如果令不行禁不止，则容易溃散混乱，屡战屡挫，直到最后沮丧内疚，乱成一团。

母亲曾经特别喜欢对我说：“年轻的时候吃点苦并不算什么苦，反而应该是你的福气。”年轻的时候我并不理解这句话的深意，以为只是母亲安慰我而给我的鼓励。后来，有所经历以后才明白这其中的逻辑基础：年轻时遇到的困难其实正是磨练自己心性，养成良好习惯的门槛。而年轻时若是没有吃到苦，所有的困难均出现在人生的后半段，那又有什么意义呢？凡事由奢入简难，先苦后甜，你可以选择忆苦思甜；如果先甜后苦，最终的结果只能是垂泪抑郁罢了。

学会控制自己的欲望，学会管理自己的欲望，其实是我们应当掌握的一项重要的人生技能，更是我们应当尽早锻造的素养。因为，从感性的角度上来说，过度的欲望只会慢慢吞噬掉我们的本心，让我们在前进途中越来越迷失，继而变得浑浑噩噩，脱离自己的发展方向。就像是历史上著名的隋炀帝杨广，利用自己手中的绝对权利，无限放大自己的私人欲望，最终的结果只能是国破家亡，受万人唾弃。

我们每个人的欲望其实都是无止境的。科学家曾经有过这么一项研究：就算是中了彩票，中了你所无法想象的头等奖金，余生吃穿不愁，这样的极度兴奋所带来的感官刺激其实也只会持续一年半的时间。等到这一年半的时间过去以后，你就会再次面临空虚。

因此，人生最幸福的其实并不是一夜暴富式的井喷，而是小桥流水般地逐步平稳地释放我们内心的欲望，让我们内心的欲望逐渐匹配上我们的现实，实现润物细无声般的滋养，这样的人生其实是最为平稳和幸福的。

上学的时候，明白自己缺乏足够的自控能力，便开始有意识地研究很多培养习惯的方法。最开始的时候，选择开始写日记，每天进行总结，记录下自己当天的收获与不足，也借以督促自己每天的学习进展。坚持不下去的时候，感觉到了异常的艰难和辛苦，每每提笔总是觉得似有千言万语要记录，却又什么也总结不出来。但是好在，我坚持了下来。可以说，正是因为经过了最开始的那一段磨合，所有的不适感都已经通通消失，写日记和总结已经变成了我人生中一件非常自然的事情。

每天只是短短几分钟的时间，就让我能够重新审视自己，平和每天的心态。由此，写日记和总结早已不是我的一个负担，也不再是一项需要分配的工作，而已经变成了我人生的“行车记录仪”，帮助我拥有更好的生活。

因此，请你学会对自己狠一点，请你学会自律，更想要请你记住：放纵如山倒，自律如抽丝。因此，请不要轻易放纵自己的生活，也不要轻易地给自己找放弃的借口。

只要每天对自己严格一点，时间长了，自律就会成为一种习惯，甚至形成自己的一种生活方式，这种在原有基础上不断改进的生活方式只会让你成为一个更好的人，让你学会去享受生活中更好的一面。因此，只要坚持下去，未来的你就一定会感谢现在这么努力的你自己。

不断完善自己，克服弱点

善于自控的人，总在不断完善自我，从而修炼持久的自控力。一个人如果想取得一番成就，实现心中的梦想，就必须下决心克服自己身上的那些弱点和缺点，尽可能弥补缺陷，修炼自己的心灵，完善自己的人格，才能成就人生的理想和事业。每个人都有另外一个我，深深地藏在心中，不为人知，这就是真实的自己。如果人们想找回真正的自己，需要不断完善自己，克服弱点，这样才能真正成为自己。

想征服世界，就需要不断进行自我完善。人生就是一个不断完善和超越自我的过程，即使我们不可能凡事做到尽善尽美，但是，我们应该努力让自己更好一点，努力去追求完美。只有向前努力了，生活才会给予你相同的回报。俗话说："尺有所短，寸有所长。"我们只有真正了解自己的长处与短处，才能避己所短，扬己所长，这样才能给自己的人生进行准确定位。因为，当我们认识到自己的不足之处时，就是进步的开始。

在美国第一任总统华盛顿的纪念碑旁竖着一块小石头，上面这样写着："美国不建立贵族和皇室封号，也不要世袭制度，国家事物概由人民投票公决。"这几句话表达了美国人民追求民主、自由、幸福的强烈内心愿望，即使美国已经完全独立了，但它依然需要人民的支持与监督。在生活中，我们每个人都有自己的不足之处，只有不断地学习别人的长处，弥补自己的不足之处，我们才能完善自己的缺陷，努力让自己更好一点。当然，如果你总是感觉完善自己，向他人学习是一件丢脸的事情，那么，更丢脸的是自己不明白却装着很懂的样子。

在美国有位很有钱的富翁，但是，他却得不到别人的尊重，为此，他很苦恼，每天都想着如何才能得到他人的敬仰。一天，富翁在街道上散步，看到旁边有一个衣衫褴褛的乞丐，他心想自己机会来了。于是，富翁便在乞丐破碗中丢下了一枚金币，可是，乞丐却头也不抬，自己忙着捉虱子，富翁感到很生气："你眼睛瞎了吗？没看到我给你的金币？"乞丐还是没有正眼瞧他，回答说："给不给是你的事，不高兴你可以要回去。"富翁很生气，又丢了十个金币在乞丐的碗中，心想这一次乞丐一定会趴着向自己道歉，却不料，那个乞丐还是不理不睬。

富翁几乎要跳起来了，咆哮道："我给你十个金币，你看清楚，我是有钱人，好歹你也尊重我一下，道个谢你都不会？"乞丐懒洋洋地回答："有钱是你的事，尊不尊重则是我的事，这是强求不来的。"富翁一下子着急了："那么，我将我的一半财产分给你，能不能请你尊重我呢？"乞丐翻着白眼看着他，说："给我一半财产，那我不是和你一样有钱了吗？为什么要我尊重你。”一着急，富翁说道：“好，我将所有的财产都给你，这下你可愿意尊重我了吗？”乞丐回答道：“你将财产都给我，那你就成了乞丐，而我成了富翁，我凭什么要尊重你？”富翁一下子好像明白了什么，他抓住乞丐的手，真诚地说了一句：“谢谢你！”乞丐改变了之前的态度，正看眼睛说：“不用客气，您请慢走。”

如果一个人只看到了别人的缺点，却看不到别人的长处，对于这样的人，乞丐也不会尊重他。俗话说：“三人行必有我师。”哪怕是一个乞丐，在他身上也同样有值得我们学习的地方。自我完善就是一个不断学习的过程，只要我们善于学习，能看到别人的长处，懂得取他人所长补己之短，努力使自己更好一点，那么，总有一天会成为一个成功者。

在生活中，无论是遇到什么样的人，也不管是比我们更优秀的人还是比自己稍逊的人，我们都应该主动去倾听对方的想法和建议，在这一过程中，你会发现自己总是能够从别人的意见中受到启发，能够学到一些利于自己成长的经验。我们永远要记住“山外有山，天外有天”，对方身上可能有着自己没有的优点，而虚心地学习对方的长处，能够弥补自己的不足，从而完善自己。

一位著名的芝加哥商人这样说，自己需要花一个星期的时间去拜访国内的各同行商店，彼此交换各自对经营的看法，每年总要外出旅行一次，去考察各家著名商店的管理与经营。他认为："要使自己能够站在广阔、不偏的视野上观察自己的素养，要保持自己的事业永不衰败，这种旅行是绝对的必需。"在每一次拜访与旅行中，他在不断地完善自己，努力使自己的商店更好一点。试想：假如一个人不出自己的店门一步，不同其他商人交流，那么他自己所经营的商店就不会获得进步，永远在原地踏步，直至被社会所淘汰。

没有人在生活达到某一点就表示自己已经满足了，人由于时常超越自己，所以赢得了最后的成功。如果我们总是自满自足、不思进取，那么无论是生活还是人生都将从此开始衰落。

每天早上起床时，我们要下决心力求每一件事上比昨天有所进步。当我们把事情做得比昨天更好些，每天向前走几步，一段时间过去之后，就会发现，自己会取得惊人的进步，这就是自控的力量。

能控制住自己的人，才能掌握自己的命运

"假如人生可以重来"，这是很多人都想要的。几乎每个

人的人生中都有过很多这样的时刻，似乎只要回到过去改变一下命运，就能改变自己的现状。这样的人通常自怨自艾，将自己人生中的不满现状全部都归结为“命运的不公平”。殊不知，命运从来都是掌握在我们自己手中的。这世上没有后悔药，正如同人生不可能重新来过，每个人的人生都只有一次，生命的轨迹一旦留下，就没有办法改变。所以，不要再怨天尤人，改变自己，从现在开始，从当下出发。

“能控制住自己的人，才能掌握自己的命运”黄嘉君说。能够掌握自己的命运，掌握自己的人生，是每一个人的心愿。其实，除去外界不可控制的客观因素，我们自身才是掌握自己人生的最大阻碍。这其中，缺乏自制力是致命的。自制力的缺失通常是许多平庸之人一事无成的根本原因。

格朗与牛顿死后一起来到了天堂，上帝问格朗：“为什么牛顿的一生过得这么有意义，你的一生却过得这么平庸呢？”格朗说：“那是因为上帝你并不公平呀，如果你公平一点也让那颗苹果砸在我的头上，我也可以发现万有引力，我也会过上有意义的一生的。”上帝说：“我给你们每个人安排的人生都是一样的，过得平庸还是有意义主要看你们自己。”格朗不信，要求上帝再给他一次机会，证明给他看。上帝应了他的条件，给了他第二次人生。

有一天，格朗干完农活在果园里休息。一阵大风吹过，一个苹果从树上掉了下来，砸到了格朗的脑袋。格朗气愤地咒骂："该死的苹果！"他捡起苹果然后把苹果吃掉了，还是跟以前一样，每天干完农活就躺下休息玩耍，继续平庸地过完了自己的一生。上帝看到了叹息一声走开了。

对于没有自制力的人来说，不管人生的上帝给多少次的机会，不懂得抓住机遇并努力，不懂得控制自己玩乐的心，将宝贵的时间浪费掉，其结果都将是一样的。仔细想来，生命最初开始的时候，我们所有的人都是平等的。区别在于后天的客观条件，更在于主观的努力程度。是否努力在日常生活工作中的一个具象表现就是你将业余时间都花在了哪里？花在学习上，你将每天进步一点点；花在工作上，你将获得更好的职业发展；花在孩子身上，你将收获更多意想不到的惊喜；花在玩乐上，你只能收获虚度光阴之后的罪恶感以及浪费生命的羞耻感。

拥有自制力就是掌握人生的方向舵，它会使你的人生之舟避开暗礁、旋涡，永不覆灭。提高自己的自制力，就是学会控制自己，控制自己的情绪与心性。奥利森在《一生的资本》中有这样一段表述："任何时候，一个人都不应该做自己情绪的奴隶，不应该使一切行动都受制于自己的情绪，而应该反过来控制情绪。无论境况多么的糟糕，你应该努力去支配你的环境，把自己从黑暗中拯救出来。”而一个懂得自制的人，大部分时候，就是从学会控制情绪开始的。情绪高涨时，他懂得适可而止，胜不骄败不馁；情绪低落的时候，他懂得自我调节，不被悲伤彻底淹没。

拥有自制力的人做该做的事情，而并非只做自己喜欢的事情。懂得自制的人，并不是没有冲动的时候，只是他懂得控制大局，懂得合理分配，懂得劳逸结合。生活中，我们要时刻提醒自己做一个懂得自制的人，锻炼自己的心智。这不是将自己变得冷漠与无聊，而是善待时间，珍惜生命。利用生命里零碎的时间，给自己充电，将自己随时保持在心灵的最好状态。记住，拥有自制力，才能控制自己的人生！

珍惜时间，决不将今天的事拖到明天

《塔木德》中写道：“金钱能够储蓄，而时间不能储蓄。金钱可以从别人那里借，而时间不能借。人生这个银行里还剩下多少时间也无从知道。因此，时间更重要。”犹太人用投资来作比喻，投入多少不能用金钱来衡量，而是要用时间计算。他们觉得，在时间和金钱这两项资产中，时间显得更为重要。

只有时间才是最宝贵的，他们还认为当一个人认识到时间宝贵的那一刻，他也会变得富有。时间观念极强的犹太人，无论是在生活中，还是在工作中，都极为珍惜时间。所以他们做任何事情的原则就是今天能完成的事情绝对不会拖到明天。

所以哈同在自己做看门工的时候，晚上还会用休息的时间阅读一些经济类的书；而洛克菲勒更是愿意连续工作，来达到自己的工作量。他们都会在别人休息的时候努力地工作，于是，他们总能比别人多一些成功的机会。

1989 年 3 月 24 日，在阿拉斯加，埃克森公司的一艘巨型油轮不幸触礁，大量原油泄漏，给当地的生态环境造成了严重的破坏。不过面对这一状况，埃克森公司却一直没有做出大家期待的反应，引起了国际社会的反感，导致了一场“反埃克森运动”。就连当时的美国总统布什也被惊动了，最后，埃克森公司形象严重受损，经济损失高达几亿美元。

行动的天敌常常是人们的拖延，而能够停止拖延的最好办法就是马上付诸于行动。犹太人只占全世界人口的百分之一，但全球百分之七的财富都掌握在他们手中。这其中的一个重要原因，就是犹太人会做行动的主人。我们做任何事情都要尽自己最大的努力，别把今天的事留给明天，时刻谨记“今日事，今日毕”。

在犹太国家，走进任何一个成功人士的办公室，你都会发现一个很大的特点：办公桌上从来不见有未处理的工作。

一直以来，闻名世界的犹太人就有很强的时间观念，他们觉得浪费时间非常可耻。今天的事情一定是今天完成，明天还有明天的事情，绝对不会把今天的事情拖到明天，当然，把昨天的文件积压到今天也是非常不对的。

对犹太人而言，珍惜每一分钟的时间是十分重要的。所以他们养成了良好的工作习惯，文件从来都是当场签批。如果办公桌上堆着很多需要处理的文件，而里面刚好有一些是十分重要的文件，却未能及时处理，将会对工作、公司造成很大的影响，这简直是没有必要的麻烦。

一位著名的犹太商人这样说："对于商人而言，办公桌上的文件大部分都是有业务往来的信件、商业密函等，里面的内容都是一些很重要的商业信息，有的可能是希望有业务往来，有的可能是商品交易。每一个文件都是一条有价值的商业信息，很有可能给商人一个扩大业务的机会。你想那么多未处理的文件堆压在办公桌上，哪怕有一条需要马上回复的信息，等到第二天再处理，已经为时已晚。毕竟每个人的时间都是很珍贵的，客户迟迟没有收到这边的回复消息，对方也会选择放弃，另外选择业务伙伴。假如真的是这样，对商人而言将是莫大的损失。"

犹太人对这一点的意识非常强烈，所以，每一个犹太人对自己手中的文件是非常重视的。甚至犹太人在上班时间里，专门安排了时间处理商务文件。一般而言，上班后的大约一个小时，犹太人称之为“第克泰特时间”，就是处理文件时间。他们在这段时间里，就会阅读前一天下班至今天上班之间所接到的商业文件，并逐一回信，用打字机将信打好让秘书及时发出去。

通常在第克泰特时间，犹太人总是全神贯注地处理文件，追求高质量高效率地工作，他们会谢绝一切的打扰。假如有人到访，势必会影响阅读文件的速度和工作效率。

在犹太人之间，通常他们会说这样一句话：“现在是第克泰特时间”。这句话，在犹太人的话语里，有公认的意思，意思就是“谢绝会客”。

犹太人用“第克泰特时间”来处理文件，这样能够做到高效率地办事。犹太人一般把“马上解决”这句话作为自己的座右铭，所以，他们特别注重办事的效率和时间。如果他们有事情，就马上去找到解决的办法，而不是一拖再拖。他们极其重视时间观念，所以在他们看来，拖延昨天的工作，是最可耻的事情。他们力求今天的事情，今天就能够完成，而不是拖到明天。

如果认定是今天必须要完成的事情，就竭尽全力地去完成它，哪怕别人已经下班了，我们也要坚持把事情做完才下班。

这就使得我们养成了做事严谨、珍惜时间的习惯，这也成为我们能够成功的一个重要条件。

秉持一颗忠诚的心，才能经得住诱惑

古往今来，凡是成功人士，往往具有一个共性特质：善于自律，以达到某种目标。在我们追求梦想的路上，充溢着形形色色使人难以抵制的诱惑，我们只有秉持一颗忠诚的心，才能坚持原则，不被诱惑打倒。

在村子里住着一个六十岁的老绅士，他十分富有，但性格古怪，但他的慷慨和仁爱是无人能及的。绅士的年纪越来越大了，他希望能找一个男孩服侍自己的起居，帮他做一些事情。尽管，他对孩子们的世界很感兴趣，但他非常讨厌孩子们的好奇心，他常常说："向抽屉里偷看的孩子会试图从里面取点儿东西，而小时候偷窃过一分钱的人，长大后总有一天会偷窃一元钱。"

村里的孩子们得知老绅士找男孩的消息，都想得到这个职位。很快，老绅士就收到了二十多封求职信，他决定找一位没有好奇心、能抵御诱惑的孩子。一天早上，三位打扮光亮的少年出现在老绅士的客厅。

查尔斯首先来到老绅士准备好的房间，老绅士请他在这里等一等。于是，查尔斯就在门旁的一把椅子上坐下。刚开始的时候，他非常安静，只是向四周看看，他发现房间里有许多非常稀罕的东西，他终于站了起来，东瞧瞧，西看看。桌子上放着一个罩子，查尔斯很想知道下面是什么，他掀起了罩子，结果是令人意外的，下面是一堆非常轻的羽毛。有些羽毛飞了起来，查尔斯十分害怕，匆匆将罩子放下，但更多的羽毛飞了起来，查尔斯试图抓住那些羽毛，但都没成功。最后，查尔斯被老绅士打发走了。

接下来是亨利，他看到一盘诱人的、熟透了的樱桃，他很喜欢吃樱桃，心想：这里有这么多樱桃，就是吃掉一个，也不会被人发觉。于是，他鼓起了勇气，小心翼翼地站了起来，拿起一个特别好的樱桃，放进嘴里，太好吃了。或许，再吃一个也没关系，他真的又拿起了一个。其实，老绅士在盘子里放了几个貌似樱桃的辣椒，不幸的是，亨利拿到了一个辣椒，放进嘴巴以后，他的喉咙像着了火一样。结果，他也被老绅士打发走了。

最后出来的是哈利，他独自在房间里呆着，周围的任何东西都没能引诱他离开座位。半小时后，他被许可为老绅士服务。就这样，哈利一直服侍老绅士，直到他离开人世。老绅士临死之前，将所有的财产都送给了哈利。

生活中的我们就像是故事中查尔斯和亨利一样，总是忍不住内心欲望的声音，伸手想拿不属于自己的东西，结果，不是慌乱得不知道如何处理情况，就是被诱惑刺痛了自己。诱惑，之所以能那样吸引人，在于它本身就是带刺的玫瑰，表面上看着美丽，实际上却是不折不扣的陷阱。在通往成功的路上，我们会遭遇不同的诱惑陷阱，只要我们能够抵抗欲望的吞噬，按捺住内心的悸动，那最后的胜利就是属于我们的。

东汉的杨震做过荆州刺史，后调任为东莱太守。当他去东莱上任的时候，路过冒邑，冒邑县令王密是杨震在荆州刺史任内荐举的官员，听到杨震到来，晚上悄悄去拜访杨震，并带了十斤金子作为礼物。

王密送这样的重礼，一是对杨震过去的举荐表示感激，二是想通过贿赂，请这位老上司以后再多加关照。可是，杨震当然拒绝了这份礼物，说："故人知君，君不知故人，何也？"王密以为杨震假装客气，便说："幕夜无知者。"意思是说晚上又有谁知道呢？杨震听了立即生气了，说道："天知、地知、你知、我知，怎说无知？"王密非常羞愧，只得带着礼物，狼狈而回。

在东汉历史上，杨震是一个颇得称赞的清官。正是他抵御住了诱惑，才得以在史册上保留清名。试想，如果杨震抵御不了诱惑，拿了王密所赠送的十斤金子，那估计他在史册上将是声名狼藉，哪里还有清廉的名声。

陷入诱惑的泥潭，源于内心的欲望。欲望就像毒品，是会上瘾的，当你一次满足了之后，就会不断地想要更多的欲望，那根本就是一个无法填满的无底洞，于是，你越来越难以抵御外面世界的诱惑。最后，人被欲望所控制着，甚至成为了欲望的奴隶，并最终被那些诱惑所吞噬。所以，我们应该记住：想成大事，必先克制内心的欲望，学会抵御外面世界的种种诱惑。

古人云：壁立千仞，无欲则刚。在诱惑面前，我们只有做到“无欲”，做到心理平衡，才能抵挡的住诱惑。具体来说，我们应做到：

1. 坚定信念

信念是一股强大的精神力量，它能起到支持我们行动的作用，是我们不断努力的力量源泉，还可以让我们的内心穿上一层保护衣，从而屏蔽诱惑。所以，在遇到诱惑的时候，尤其不要放弃你心中的信念，因为它是你继续前进的动力和生存下去的支柱。

2. 认清不良诱惑的危害

面对纷繁复杂的诱惑，人们必须保持足够的定力，认清它背后存在的各种危险，因此，当你彷徨的时候，不妨问问自己：“如果我做了这件事，会有什么后果？”“它是不是真的能带来成功呢？”“为此，我会失去什么？”多问自己几次，你就能权衡出利弊得失了。

3. 做到专注于本职工作与慎微并行

抵制诱惑是一种依靠意志和信念的较量。这需要我们掌握一种有力的心智盾牌——专注，惟有专注才能抵御诱惑。俗话说：“勿以善小而不为，勿以恶小而为之。”如果小事不注意，小节不检点，久而久之，必然会出大格。

总之，成大事者，首要就是忍耐来自社会的各种诱惑，因为这些诱惑的背后定然是陷阱，如果忍耐不住心中的欲望，一不小心深陷此地，那你定会后悔终生，不仅成不了大事，只怕是性命也难保。在诱惑层出不穷的今天，我们更需要抵御诱惑，学会忍耐内心欲望的痛苦，这样才能铸成大事。

第09章

做一个挖井人，先吃苦头再尝甜头

在我们的生活中，在年轻人中有这样一句流行语："间歇性踌躇满志，持续性混吃等死。"的确，在我们的生活中，确实有不少这样的人，他们一边在懊恼自己总是虚度光阴，一边又无法为未来奋斗和吃苦，其实，这样的人生是辛苦的，与其混吃等死，不如下决心追寻理想，为未来奋斗，吃得苦中苦，方为人上人，唯有这样，才能实现高价值的人生。

学会吃苦，要有迎难而上的勇气和决心

亲戚家的一个远方表姐生了小孩以后在家里做了全职妈妈，有一次听爸妈说起她，说她老公脾气暴躁动不动就喝酒打人。表姐一开始的时候闹着要离婚，自己又没有生存能力，一个人带孩子过不下去，左右为难，特别绝望。而那个表姐夫看着表姐每次都只是“雷声大雨点小”，竟越来越肆无忌惮，变本加厉。当时的我听到这个消息，第一句话就问父母：“为什么会活不下去？就算有小孩，就算自己没有什么技能，出去酒店刷盘子可不可以？有了钱以后再慢慢学习技能换更好的工作可不可以？”总之，我是难以理解表姐宁愿忍受家暴也不出去自己拼命努力生活。

父母说，她读的书没有你多，不像你懂那么多的道理。我却认为，这无关读书的多少，而是对自己的人生绝望得太过随意。明知对方不可能做出改变，却还是选择充满怨气地在旁边苦苦熬着，明知自己遇人不淑已经成为事实，却还是选择将所有的时间花在伤心落泪而不是奋力改变。明知现在的自己手握一副烂牌，哭哭啼啼不能改变分毫，却还是不懂得翻身自救。拥有

这样坐以待毙的人生，你不绝望，谁绝望？

我们的人生都会有绝望异常的时刻，因为那时的我们太过年轻，也太过稚嫩。但是不论在什么阶段，不论面对怎样的困难，与其坐以待毙，不如狠下心来去吃苦学习。人生中的很多问题，解决方案无外乎赚钱积累财富，学习苦练内功。解决之后，你会发现，我们的人生好得很。

没有人说努力一定就会成功。但我们却能够深信，只要肯吃苦，人生就一定能够获得自救。吃苦，吃很多的苦并不一定会把我们推上人生巅峰，但却一定能够将我们拉出人生的低谷。

今年回去过年的时候，遇到我曾经的初中同学晓红，她的变化让我惊讶不已。印象中她有一个常年瘫痪的父亲和一个精神异常的母亲。幼年时的很多事情我都已经记不清楚了。唯一印象深刻的就是有一次，她的母亲精神病发作，冲到学校里来，非说她身上有妖气，当着我们大家的面就拎着她的头发把她拽走了，一路上都能听到晓红的哀嚎声。还有一次，记得他家没钱给她交学费，就看到晓红自己用一辆破旧的自行车驮着家里的小米去街市上卖，来来回回推了好几趟才卖出不多的学费出来。反正说来，晓红在我眼中，从小就是一个命苦的孩子。

后来我们毕业的时候，大家都去上了不同的高中，只有晓红辍学没有再上。后来，听我妈说，晓红回家去帮人家卖瓜赚钱养家糊口。转眼，二十年的时间过去了。今年回老家过年，我妈让我去小区门口的水果店里买点水果，没想到店主正是晓红。我们互相犹豫地试探了半天，才确定了的确是彼此。晓红现在比以前胖了有两三倍，精神气儿看着也很好，满脸笑意，嗓门很大，热情地招呼我挑店里的水果。

我们互相聊了一会儿说起各自的近况。她说她现在的日子已经好过了，自己有两家水果店，都是自己买的商铺，还有两套住宅房，一套自住，一套出租，都是在本市挺好的地段。她结婚早，现在已经有两个小孩了。大儿子今年已经快要小学毕业了，小女儿也已经上一年级了。老公就在本市上班，朝九晚五，也算稳定。我开玩笑地问她是怎么发家的，她憨厚一笑，挺认真地回答我："我能怎么发家呀，书读的那么少，又没有什么文化，家里也没指望，还不都是一双手没日没夜地苦出来的。"

她说，初中毕业以后，她就帮自己家亲戚卖西瓜，摸到点门路之后就开始自己卖。每天早上两点就起床出门骑车去批发瓜果，然后急急火火赶去早市去占个好位置，早市结束以后又跑去菜市场蹲点，蹲到下午三四点才回家，匆匆忙忙吃点饭，将家中所有的家务收拾妥当，照顾好父母，自己再睡一会儿觉，凌晨又起来去批发瓜果。

日复一日，年复一年，这样的生活过了有三年的时间，就这么一点一点地攒了钱，慢慢有了自己的房子，自己的水果店，自己的老公和孩子以及有点像模像样的家。晓红说："只要肯吃苦，就没有过不好的日子。"特别朴实，也的确是真理。

确实，生活中的我们其实很少会走到无路可走的境地。我们大部分时候的绝望，都是一小半困难加上一大半矫情的结果。面试没通过，就觉得人生绝望了。和父母爱人吵个架，就觉得人间太冷了。甚至周末加个班，就感叹"这哪是人过的日子"。其实，说到底，只是将人间想得太美好，而自己的心理承受能力又太差。

王石曾经说过：熬过人生最黑暗的时刻，最后终将会成为你的财富。而如何熬过去？关键看你有没有迎难而上的勇气和决心。人生本来就是一个升级打怪的过程，如果你的人生一帆风顺，那是老天垂青。如果身在苦中，其实也是本该承受。

因此，日子艰难的时候，前途渺茫的时候，收起矫情的玻璃心，逼着自己低低头，努努力，狠狠心，去做以前不想做的事情，去付出以前不曾舍得付出的努力，终有一日，你会走出一条崭新并顺畅的道路，会看到一个更为强大的自己。

一直前进，你终会获得意外的惊喜

曾经听说过这么一句话：我努力赚钱，并不是因为我有多喜欢钱，而是这辈子不想因为钱和谁低三下四，也不想因为钱而委屈自己。就像是最近在抖音上大火的这么一个段子：“没有钱，你拿什么维持你的亲情，稳固你的爱情，联络你的感情？靠嘴吗？别闹了，大家都挺忙的。”确实，很多人经常感慨：理想很丰满，但现实却很骨感。在残酷的现实面前，我们的梦想每次被提起的时候似乎都显得那么好笑，那么微不足道。但是，请你相信，这世界上总还是会有一些人为了自己的梦想奋不顾身，一直努力坚持着，一直勇敢前进着，哪怕为此付出生命的代价，也在所不惜。

你有没有发现这样一个现实：嘴上说着努力的人其实未必真的厉害，而那些真正厉害的人通常都在默默努力。很多时候，我们都会有这样的疑惑，为什么我们身边有一小部分人，你明明觉得他很普通，但是突然有一天他就获得了成功，还将你甩出了十万八千里？就像是曾经在知乎上看到过这样一个帖子：“默默、孤独地奋斗是怎样一种体验？”一条被赞最高的回答是：“一个普通上班族，利用下班后的业余时间，从晚上八点开始，每天花费四个小时，总结一天的所思所想，默默撰写文章，运营自己的公众号，分享给自己的粉丝。”就在这个回答后面，附上了这个主人公令人敬佩的奋斗事迹。

这个姑娘名叫晓畅，自幼喜欢写作，但是家里人认为写作没有前途，便让她学习艺术，最终成为了一名靠技术吃饭的工程师。但是，晓畅自己并不是特别喜欢这个专业，更不要说所在的建造公司。由于内心的抵触，晓畅在公司里工作并不算是很上心，自然也没有取得多么好的成就。领导同事的平淡相处以及职业发展的天花板让晓畅决定要自己做出一番事业，这份事业还得是自己真正热爱和喜欢的。于是，在公众号兴起以后，晓畅默默决定要经营一个属于自己的公众号。

就这样，每天下班以后，晓畅放弃了自己的娱乐时间。别人在外逛街的时候，她坐在家里坚持写文章；别人在刷朋友圈的时候，她正在后台回复着读者的留言，不管当天的工作结束得有多晚，晓畅仍会抽出时间坚持经营自己的公众号。而她身边的同事、朋友完全不知道她正在做的这些事情，直到她出版了自己的第一本书，并收获了十多万粉丝，最终小有成就，成功地在所有人面前扬眉吐气。

现在，先前的疑问你有答案了吗？那些真正厉害的人总是在默默努力的。他们总是默默地努力扎根，在一个你看不到的地方独自奋斗。而最难能可贵的是，他们坐得住冷板凳，经得起别人的诱惑，不管多么简单枯燥的环境，他们仍旧能够坚持下来，不断努力。因为他们有格局，有远见，更加懂得厚积薄发。

当某个人做成了一件什么事情的时候，身边总会有这样一种声音在告诉你：他能做下来，全靠他运气好。如果将我和他在同样的位置上更换，那么我也能够做成这件事情。

确实，我们人生的发展的确离不开机遇和运气的成分。但很多时候，运气却也掩盖了很多的努力。其实，只要你深入了解一下，你就会发现：除了个别天上掉馅饼的特例，大多数的时候，我们所说的好运，不过是集运气、能力、毅力、自我修为、管理等能力为一体的综合表现。就像是新东方的创始人俞敏洪曾经在一期《朗读者》里面说到的："进步都是关于你自己的事情，无关他人，只要你保持自己的生命在进步，付出足够的努力就一定会有好结果。"

仔细思考，你会发现，这世上这么多成功的人物，不论每个人能够取得的成就多少，其实都自有其道理所在。真的将你和他互换一下位置，你还真的不一定就能够成功，而他也并不一定不会成功。我们只看到成功的人充满光环，相当耀眼，但从不知道这成功的背后，他们究竟付出了多少的努力。

我们的身边总是会有这样的一类人：当所有人都不看好他们的时候，他们仍然能够坚定自己的信念，踽踽独行。我们能够看到他们获得的鲜花和掌声，却永远了解不到真实的世界里，他们背后的痛苦有多深，困难会有多大。因为他们从不会抱怨命运的坎坷与不公，而总是勇敢地选择直面人生中遇到的这些挫折，然后默默努力战胜就好。当你问他们为何不抱怨，为何不吐槽的时候，他们只会酷酷地回一句："有用吗？"他们从不曾大张旗鼓，也没有满世界地树立旗帜，而是踏踏实实的行动。

因此，想要做成什么事情的时候，先低下头来看看自己正在走的路，看看自己有没有认认真真培养自己在某个领域内的能力和技术，看看自己走出去的步伐是不是足够沉稳和平实。要知道，人生就是这么残酷，如果你没有选择好正确的起点，没有坚持不懈进行量变的推进，没有脚踏实地认真行动，那么你的好运或许永远也不会到来。

因此，当你想要真正做成一件事情的时候，那就去做，去勇敢努力吧。你的所有付出，时间都会看得见。当一点一滴的量变积累到一定的程度的时候，你一定也会达到质的飞跃。我们的人生之路，总会有那么一些路需要自己独行，当你朝着目标，一步一个脚印踏踏实实努力走下去的时候，将来一定会在某个不经意的时刻，给你送来意外的惊喜。

挖一口属于自己的井，为自己迎来一番天地

曾经听说过这么一个经典的故事，有关两个和尚挑水。两个小和尚原本是两座相邻山上不同寺庙里的，因为一次偶遇后来成了一同挑水的好伙伴。自从两人相遇以后，便约好在每天的同一时辰下来挑水，互相作伴。就这样，一晃五年的时间过去了，某一天的早上，当一个小和尚如约下去挑水的时候却发现另一个小和尚一直没有到。小和尚左等右等却始终等不来另一个小和尚，以为他只是睡过了头，便自己挑了水回去了。不曾想，第二天，第三天，第四天……却依旧没有见到那个小和尚下来挑水。这下，小和尚变得担心了起来，他是不是生病啦？怎么病了这么久还没有下来挑水呢？小和尚心里这么想着，便赶紧往另一个山头上赶了过去，想看看这个小和尚到底怎么了。

不曾想，另一座山上的小和尚正面色红润的练习着太极拳呢，一点都不像是一个星期都还没有喝过水的人。小和尚急忙询问缘由，却被他笑着带到一口井面前，查看自己这五年来的成果。原来，当这个小和尚每天挑完水就开始嬉戏玩闹的时候，那位小和尚却开始为自己的未来和晚年开始谋划了。于是，每天挑完水，不管当天的课业有多么的繁重，小和尚总是会抽出一点时间来挖井。不论酷暑寒冬还是狂风暴雨，小和尚的习惯

从来没有改变过。就这样，五年的时间过去了，小和尚的井也终于挖成了。自此，小和尚再也不用自己下山挑水了。而且，井就在寺庙的旁边，就算以后到了暮年，或者是自己生病了没有人照顾的时候，小和尚依旧能够有属于自己的井水喝。

生活中像这样两个小和尚的故事其实并不少见，有人说那一个小和尚真不地道，一起打水了五年的时间，他都没有教一下另一个小和尚也要自己动手挖个井，而是自己默默在山上挖井，辜负了那个小和尚的真诚相待。私以为，这样的逻辑确有一定的道理，但确实也是站不住脚的。你怎么知道那个小和尚在这五年内没有跟那个小和尚透露过自己的计划呢？又或者说，如果那个小和尚真的是一个善于观察、懂得思考总结的人，在这五年的时间里面，又岂会对小和尚除了挑水以外的生活一无所知呢？其实，人生是我们自己的，没有人有义务和责任需要将自己的计划和盘托出讲给你听。即便是自己的父母，也没有这个义务和能力可以将你未来的生活全部都规划好。因此，与其抱怨别人没有及时告知你，不如花点时间仔细想想，为何别人知道的事情你却不知道。别人与你都是独立的个体，在你感到迷茫不知所措的时候，别人或许也是在一步步地摸索中慢慢领悟，这才有了超出你的感受和理解。这样的情况下，别人为何有这些义务非得一步步地如同教一个婴儿一样慢慢教你呢？

在你向他索取帮助，埋怨他为何不早日告诉你的时候，你有没有思考过自己的问题所在呢？因此，人生实苦，苦就苦在没有人能够替你走完这一生，人生中所有的得与失、进与退都需要我们自己经历过一定的历练以后，慢慢领悟并有所进益。事实如此，但我们也无需悲观，这也正是人生精彩的地方，我们有着完全不同的成长环境，经历着不一样的世间百态，也正如此，我们才会有着不一样的思想碰撞，产生不一样的新奇体验。由此，我们唯一需要做的，就是学会坚持，学会苦中作乐，学会目光长远，学会居安思危，早日思考属于自己的出路，为自己挖一口属于自己的井，用不变应万变，增强对这多变莫测人生的适应力。

进入一家新公司的时候，我们常常询问别人对这家公司的印象如何。询问的对象不同，你便有可能得到截然相反的两种回答。一种回答是对公司较为满意的，这样的人通常是公司既得利益的分享者，属于公司的骨干型人物。这样的员工大部分是老员工，当然也并不排除部分表现优异的新员工。而另一种则有可能给出截然相反的一个否定答案，不等你细问，就会倒出许多的苦水出来，向你抱怨公司的这不好那不好。不用想，这样的员工多半是已经工作了几年，自认为任劳任怨有了一定的工作经验和积累，却始终没有得到晋升或者赏识的员工。

当你询问他们每天都在干嘛的时候，他们的抱怨和吐槽又会接踵而至。抱怨来抱怨去，最后你会发现，他们不满意的点始终就在收入上面，总是认为自己的付出和所得并不成正比，自己也还是忙忙碌碌，没有一丝闲着的时候，所以他们内心充满了抱怨和不满，但他们从未想过自己的问题到底在哪里。

其实，他们没有想过，即便每天忙忙碌碌，日复一日，从公司领到的薪水再多，其实也都是老板给与的，自己不过是在每日花时间挑水，每日做着重复的工作，为了眼前的这点薪水在苦苦挣扎。但其实，这种固定的生活模式并不值得我们去推崇，我们应该要踏踏实实的打好基础，却更应该将眼光放的长远一点。俗话说，精明的人看得懂，高明的人看得远。如果我们每日只将自己的注意力放在这一点点的薪水上面，满足于完成手头的工作，而不去注重提升自己的能力，去发现一个更为辽阔的天空，这样的我们和那个始终只知道挑水的小和尚又有什么区别呢？我们又怎么能够在这变化莫测的未来为自己赢得一番天地呢？

因此，不论何时，我们都应该要学会长远看待问题。从公司赚到的再多，也都是老板赏识给与的，你也一直都只是在这个平台上挑水，离开了这个平台的你就有可能什么都不是了。

只有学会开始挖井，学会去挖一口属于自己的井，让自己的财路源源不断，我们才能真正为自己赢得一番天地。

告别安逸，寻找属于你自己的人生之路

很多初出茅庐的大学生在离开象牙塔之后，跌跌撞撞就来到了残酷的职场上。他们还没有认清自己身处何种境地，就四处询问自己未来应该怎样走好人生之路，或者应该从事哪些工作才能取得更好的发展。实际上，这样的提问未免有些投机取巧的意味，因为成功向来没有捷径，更不可能一蹴而就，对于每一个初入社会的年轻人来说，与其问来问去，还不如努力去做。因为只有自己才知道自己真正适合做什么，而只有在真正去做并且不断尝试的过程中、才能找到最适合自己的人生之路。

遗憾的是很多年轻人都眼高手低，他们既想得到一份轻松的工作，又想得到很高的报酬，还想让自己活得体面。不得不说，世界上哪有这样的好事情，如果真有这样的好事，只怕连上帝也会羡慕不已吧。要想拥有充实而又精彩的人生，年轻人在面对就业选择的时候理应更加勇敢大胆。毕竟人生的道路是自己闯荡出来的，而不是天生就有的。很多年轻人为了追求稳定，

想方设法挤破脑袋进入国企或者事业单位，然而这样的人生真的是你想要的吗？如果一个人每个月收入好几万，但是不稳定，而另外一个人每个月只挣两千，但是很稳定，那么这样的稳定真的能够提高生活的质量和生存的层次吗？实际上，现在社会已经没有真正意义上的铁饭碗，每个人只是相对稳定而已。每个人真正的保障，是自己的能力和水平，是自己的实力。

年轻人不要以稳定的程度来判断一份工作的好坏，而要鼓起勇气让自己勇敢面对未知的未来。要知道，如果人生一眼望到头，总是以同样的日子重复下去，那么也就失去了人生的意义。尤其是有着人生最大资本的年轻人，更不要把稳定作为择业的首要条件。年轻人也许跌跌撞撞一路走来会吃很多苦，但是这样的经历恰恰是非常珍贵的。年轻人理应把目光放得长远一些，不要总是盯着眼前的这点收入，而应该更加积极主动对生活出击，避免被动茫然。当然也不能怪年轻人贪图安逸，毕竟年轻人刚从大学校园中进入社会，每个人都有不同的观点，对于人生也有不同的憧憬，所以年轻人要开阔眼界，尤其是在大学校园中就要让自己站得更高看得更远，这样才能对人生有长远的规划。

毫无疑问，如果论舒适程度，肯定是在国企或者机关单位的人会更加舒适，因为他们不用考虑每个月做出多少业绩，也不用考虑上个月辉煌的业绩已经成为过去，这个月一切又要从头开始。他们也不用担心自己随时会被炒鱿鱼，更不怕金融危机席卷全球，因为他们的工作决定了他们的收入非常稳定，旱涝保收，不管社会如何改变，他们的收入很难改变。相比之下，在私企工作的年轻人则压力山大，每天都要承受繁重的工作，他们一天的工作量甚至相当于在机关工作三天的工作量。除此之外，他们还要承受巨大的压力，特别是从事销售行业的人，每个人都为了业绩而不停地忙碌奔波。如果把在机关单位工作的人和在私企工作的人放在一起来比较，你会发现一个清闲得无所事事，一个则忙碌得连打电话的时间都没有。

然而在过了几年之后，细心的朋友们会发现情势急转直下，曾经坐在办公室里安逸自在的人如今却变得颓废，失去了生命的朝气和活力。而在私营企业里如同拼命三郎一样为了人生和未来努力拼搏的人却渐入佳境，在经过工作上的磨合期之后，工作做得风生水起，有的人升了职，有的人加了薪，有的人换了份工作，摇身一变成为某家公司的副总，还有的人给公司签了几笔大单子，得到了不菲的收入。命运从来都是公平的，它从不会亏待一个努力的人，也从不特别偏爱或者青睐某个人。

每个人对于成功都有不同的定义，对于人生也为自己设定了独具一格的目标。然而，生命并不会总是让人如愿以偿，在突然之间，人生会发生各种各样的变化。一个真正的强者，能够以从容的心情面对人生中的各种改变，从来不轻易放弃。他们的字典里向来没有“安逸”二字，趁着年轻正好，趁着风华正茂，他们总是努力地打拼，不懈地付出。

有些人羡慕他人在工作中的安逸清闲，却不知道这样的工作岗位是最容易被代替的。一个人必须具有核心竞争力，才能让自己变得不可替代，才能在青春正好的时候，成功地激发出生命的潜力，实现生命的璀璨和辉煌。这个世界上没有从天而降的馅饼，也没有一蹴而就的成功，每个人只有努力付出，才能得到自己想要的一切。

脚踏实地去努力，别让人生留下遗憾

学生时代，老师对我们说过的一句话让我至今难忘：“你要努力，不光是为你自己，更是为了你的父母和小孩儿，你的努力改变的不光是你一个人，更是三代人！”那个时候的我对这句话似懂非懂，而今，我有了自己的小孩儿，才对这句话有了更深刻的体会。古语说，龙生龙，凤生凤，老鼠的儿子会打洞。仔细品品，这句话有些悲观却也说明了现实。原生家庭的生长环境对一个人的成功有着举足轻重的影响，从婴儿时期开始，你所提供给孩子的环境决定了他的眼界，对他未来的事业有着润物细无声的影响。父母自不必说，你的努力决定了未来他们的养老环境，别让你的努力追赶不上父母老去的速度，别让你的人生因为你不够努力而留下遗憾。

不知从什么时候起，逃离北上广，逐渐成为一个口号，影响着越来越多的年轻人，与之对应的佛系心态，丧文化越来越受到追捧。但是鲜有人问，逃离之后呢？逃离北上广回到二三线城市，就可以不努力便过上自己想要的生活了吗？

朋友小 A 是一个行动派，她有能力更有魄力。研究生毕业之时，在我们纷纷选择就近就业的时候，她毅然去到了北京做起了名副其实的“北漂”。她很有才华也很努力，两三年的时间里就成了公司的业务骨干。更让我们羡慕的是 2008 年，在我们还对未来懵懂无知的时候，她就决定买房，当时她从家里拿了 20 万首付，每月还贷 4000 元，在北京三环的位置买了一个两居室，当时每月 4000 元的房贷让我们都觉得她疯了。

时光转瞬即逝，转眼到了 2015 年。在我们每月都在努力攒钱准备买房的时候，朋友小 A 已经变成了我们口中的“富婆”，我们都认为她的生活应当是完美无忧了。然而我们却听到了她越来越多的抱怨，抱怨在同一个公司工作了 7 年，虽然做上了主管级别，却感觉再无晋升的可能；抱怨虽然买了房子，却是一个两居室，居住起来仍旧有很多的不便；抱怨自己工资虽高，但是生活在北京开销庞大，剩下的钱仍是难以为继；抱怨自己离家太远，又是家中独子，父母年岁渐长，她却因为工作不能离开而不能回家照顾双亲。

很快，她便做了一个让我们瞠目结舌的决定：卖掉北京的房子，拿着这笔钱回到老家买更大的房子，照顾父母，过更加舒适的生活。因为她笃定，北京的房价不会再涨。她是一个行动派，想到便会立刻去做。而后的她便回到老家，河北郑州下面的一个县级市，过上了她口中的理想生活：全款买了一套两层楼的大居室，按自己的想法妥善装修，请了专门的护工照顾年迈的父母，养了一条狗，每天睡到自然醒，有空便种种花草，追追电视剧，剩下的钱存了定期，放了理财。偶尔无聊了再出去旅游一圈，按她的话来说，即便后半辈子她不再工作，也饿不死了。偶尔看到她的朋友圈，生活总是轻松与惬意的，全然不似我们，疲于奔命的感觉。而她也总是劝我们跟她一样，卖掉一线城市的房子，回到四线五线城市，好好享受生活。

日子总是忙忙碌碌的，等到我们再次联系上，已经到了2017年的年底。这次，她又做了一件让我大为震惊却并不感到意外的决定：重新回到北京！问及原因，她笑笑回答我：“在家的日子过得太无聊啦”！一番打闹之后，我们又互相开起了玩笑。她跟我说，一开始的日子的确很轻松，回到老家买房装修，陪伴父母，每天睡到自然醒，不用担心工作上的事情，每天想的都是今天又做点什么好玩的事情。这样的日子一直持续了一年多，直到2016年年底，全国房价再次掀起涨潮，小A得知，她曾经在北京的房子价格又翻了一倍，这时的她心里有点不是滋味。人总是这样，一旦心态发生了变化，运气似乎也变得不好，周围的生活便也一起变了：父母的身体日渐好转，但是时间久了，每天四目相对，不是催她结婚，就是变着法子让她出去相亲。追剧的日子时间久了也很是无聊，又想要逃离父母，于是便打算出去工作，但是她所做的互联网专业在当地似乎并无用武之地，委屈工作了一段时间之后，终归还是跟公司说了拜拜。

“更可怕的是，这种日子一眼便看到了头，就是每天无所事事混吃等死，看不到希望，也看不到未来。”小A最后总结道。

努力不光光只是一个口号，更需要我们付诸实际行动。世界上生来就有很多比你优秀的人，这是一件很正常也很可怕的事情，可怕的点就在于他们似乎从不需要努力，就比你优秀很多。然而更可怕的现实是，他们往往比你更加努力。这是不是很可怕？试问，比你优秀的人都还在更努力，你还有什么资格不努力？

很多时候，我们都以为因为工作，因为对这样那样的物质追求，我们才需要努力。其实不然，努力更应当是一种心态，是一种对自我人生负责的态度，是一种对于更好人生的追求。不管身处何时，何种环境，我们都应当谨记：努力，才能持续获得。

要想在人生中有所收获，就必须加倍付出

每个人对于人生最大的梦想和渴望，就是希望自己在人生的道路上能够一帆风顺，顺遂如意。实际上，人生的道路充满艰难坎坷，从来没有平顺的时候。人生正如爬山，你见过毫不费力就能到达山顶的人吗？答案是否定的。如果不借助于索道，没有任何人能够轻而易举到达山顶。在人生中也同样如此，一个人要想在人生中有所收获，他就必须加倍付出，哪怕遭遇挫折，也决不气馁。

在人生中遭遇困境的时候，我们难免会觉得悲观绝望。然而，当熬过这一段艰难的日子真正获得成功的时候，我们才会发现自己要感谢那段艰难的跋涉。正是那段日子磨练了我们的意志，锤炼了我们的心智，让我们的人生更加丰盈厚重。所以真正的

理智者不会抱怨人生，不会抱怨命运，相反，他们会感谢自己曾经遭遇的坎坷挫折，因为正是那一段段不堪回首的人生过往，才成就了今日的他们。

对于任何人而言，没有一段人生是白白经历的。当猛然回首之后，我们会发现自己今日所拥有的一切，今日所达到的高度，都是因为我们能够在人生的苦难之中勇敢地站起来，也能够让自己获得更好的对待。假如人生总是一帆风顺，那么就像是一片空白，没有任何色彩。人生就像调色板，只有不断填充颜色，五彩斑斓，才能不负此生。

从本质上而言，每个人都有惰性，人人都希望过安逸的生活，而不愿意在风雨泥泞和坎坷之中艰难跋涉。然而，心理学家告诉我们，每个人都有巨大的潜能，就像人身体内沉睡的睡狮，也像一座尚且未被发现的宝藏。只有在遭受巨大的压力时，人们才能发掘自身的潜能，发挥自身的能力，从而创造生命的奇迹。这也很好地为我们解释了为什么那些成功者都是饱经苦难的人，相反，那些平庸者却在生命中一帆风顺。从这个角度而言，在人生中遇到苦难并非是坏事。越是在逆境之中，我们越是能够鼓起勇气与命运抗争。当人处于安逸的状态下，就会变得越来越颓废沮丧，根本没有足够的力量支撑自己一路向前。

在台湾，有个人的名字让人如雷贯耳，他就是赖东进。在台湾第三十七届“十大杰出青年”的颁奖大会上，赖东进也作为“十大杰出青年”之一参加了会议。很多人了解他的事迹后，都对他钦佩不已，也被他深深感动。

赖东进从小就饱经磨难，他出生在一个非常贫穷的家庭中，母亲患有严重的智力缺陷，还有间歇性精神病，父亲是瞎子，因为没有劳动能力，只能依靠乞讨养活这一家人。在赖东进之后，妈妈又生下了弟弟。遗憾的是，弟弟没有赖东进的好运气，遗传了妈妈的智障和精神病，不能作为正常的人去生活。

才几岁，赖东进就承担了养家糊口的责任。但是因为年纪太小，他根本没有谋生的技能和能力，只能接过父亲的衣钵，也四处乞讨。在整整十几年的时间里，他在外四处流浪，整日乞讨，有的时候睡在荒郊野外的坟地中，有的时候睡在肮脏不堪的猪圈里。在这十几年的时间里，他饱受人们的冷嘲热讽和鄙视，然而他从来没有因此而失去对生命的期望。

赖东进以亲身经历向人们证实，即便是乞讨者，也能够改变命运，把握人生。在经历了十几年的乞讨生活之后，他总是拼命地努力学习，从来不吝惜时间和力气。最终他在台湾一家消防器材公司出人头地，从小职员做起，最终成为了这家公司的当家人。正因为如此，他才能够成为台湾十大杰出青年之一，也从此为人们所熟知。在颁奖典礼上，人们都拭目以待，想看看曾经饱受生活磨难的赖东进会说些怎样的话。结果出乎人们的意料了，赖东进从来没有抱怨过自己的前半生，他感恩父母给了他生命，感恩命运磨练了他的意志，也感恩曾经棒打他的丈母娘激励他努力奋发，为了拥有美好的爱情而坚持奋斗。从赖东进的发言中，我们可以看出他曾经遭受的一切苦难都铸就了他如今的人生，也让他的人生变得更加成功。不管命运多么残酷，他始终都在为了人生而努力，对生命满怀热情和激情。正是因为如此，他才能够最终摆脱乞讨的命运，也才能成就自己辉煌灿烂的一生。

常言道，自古磨难出英雄，从来纨绔少伟男。这是因为很多有钱人家的孩子生来就一帆风顺，从来没有经历过人生任何磨难，所以他们只能接受坦然顺遂的生活，而无法在人生的狂风骤雨中坚持前进。对于穷人家的孩子而言，他们遭受的磨难更多，也更懂得人生的艰辛，因而他们能够放弃那些不切实际的幻想，勇敢地直面人生。他们不得不与一切的艰难困苦进行殊死搏斗，最终他们在经历人生的考验之后变得更加坚强，也变得更加强大。

面对人生的厄运，我们任何时候都不应该屈服，只有不断地在人生之中努力奋进，才能扬起人生的风帆，在人生之中保持进步与奋发的姿态。

参考文献

[1] 叶舟 . 在输得起的年纪，遇见不服输的自己 [M]. 南昌：江西人民出版社，2017.

[2] 婉艺 . 在输得起的年纪任性一回 [M]. 苏州：古吴轩出版社，2015.

[3] 张仲勇 . 在输得起的年纪，做最给力的自己 [M]. 北京：中国华侨出版社，2016.

[4] 雾满拦江 . 你要在最好的年纪，活得无可代替 [M]. 南昌：百花洲文艺出版社，2017.